オールカラー

産地別
日本の化石800選

本でみる化石博物館

大八木和久
Kazuhisa Oyagi

昆虫化石 壱岐島［長崎県］

築地書館

本書の手引き

1. 『産地別 日本の化石800選 本でみる化石博物館』は、これから化石を始めようとしている人や化石愛好家が、野外での採集方法や室内でのクリーニングの方法、種類の特定、整理の方法などで、実際に役立つようにつくられたものです。したがって、厳密な種類の同定を目的としたものではないことをお断りしておきます。

また、化石の標本だけでなく、産地の様子や産出状況、採集風景、クリーニング前の姿、クリーニングの様子、拡大写真も豊富に展示し、できるだけ多くの"目で見る情報"を提供し、実際に役に立つように心がけました。

2. 標本は筆者が過去35年にわたって全国各地で採集したものを主に展示しています。しかしながら、全国の産地すべてを網羅することは不可能に近く、産地の偏りがあることや筆者の好みによる種の偏りもあることをお断りしておきます。

3. 種の選定にあたっては、各産出地の代表的なもの(もっとも普通な種)、保存状態のよい標本、特に珍しい種、見た目の美しい標本を選定しました。したがって、産出個体数の多少ではありません。また、普通種であってもいい標本が得られていない場合は展示していません。

4. 配列は見る人の利用を考え、地域単位で各地質時代ごとに産地順に並べました。そしてそこから産出する化石について、種類別に配列しました。

これは、一般的に一つの産地ではいろいろな生物種が産出しており、時代別あるいは種類別に配列すると、採集現場では複数のコーナーを見なければならないという不便さを考えたからで、利用にあたって便利なようにしたものです。このような配列は、他ではみられないことで、当博物館の特色の一つです。

また、必要に応じて関連する現生種も展示しました。

5. 化石の名前については、同定用の展示ではないという立場に立ち、一般的に和名が有名であればカタカナで和名を、学名が有名であれば属名のみをカタカナで表記し、属名すら不明なものについては「二枚貝(不明種)」「何々の一種」「何々の仲間」のように表記しました。また、有名な種について明らかに種まで判明している標本については、属名・種名をカタカナで表記しました。本来ならすべて種まで検討して名前を表記すべきなのかもしれませんが、専門家でない筆者がそこまで踏みこむことは危険だと判断したこと、本来の目的から逸脱することからそのへんにとどめたことをご理解ください。

6. 標本の大きさの表示は、数値により「長さ＊＊cm」というふうに具体的に表記しました。従来のように、「×1.5」「1/3倍」という表示ではダイレクトに大きさを認識できないからです。なお、写真に複数の標本がある場合は、もっとも大きなものの個体の大きさを表記しました。

7. 各標本には、クリーニングの難易度を示していますが、具体的なクリーニングの方法をクリーニングのポイントとして解説していますので、実際の作業に際して参考になると思われます。

難易度については概ね次のように解釈してください。

クリーニングの難易度　5段階

A	ほとんど困難, 不可能に近い ………	分離しない。母岩が硬すぎてタガネは無力
B	大変難しい, 何とか可能…………	分離が悪い。母岩が硬いあるいは非常にもろい
C	慎重を要する, 丁寧に …………	分離はするが, もろかったり傷つきやすい
D	注意を要する, 比較的簡単 ……	分離しやすい。母岩が軟らかい
E	ごく簡単, ほとんど不要…………	砂や粘土から分離したものは, 水洗いだけでよい。風化面のままでよい場合もある

8. 展示した化石の解説は、生物としての生態や形態よりも、化石の様子や産出状況などに重点をおき、採集時にフィールドで役に立つようにしました。

9. 展示の最後には、実際のフィールドで役に立つよう、全国の化石産地・産出化石、全国の化石を展示している博物館、採集装備なども掲示していますので利用してください。

目次

本書の手引き ……………………………………………………… 2

■ 北海道 ……………………………………………………… 4
■ 東北 ………………………………………………………… 49
■ 関東 ………………………………………………………… 78
■ 中部・北陸 ………………………………………………… 104
■ 近畿 ………………………………………………………… 148
■ 中国・四国 ………………………………………………… 223
■ 九州 ………………………………………………………… 247

【クリーニングのポイント】
1　タガネワーク1 ………………………………………… 28
2　ケミカルワーク1 ……………………………………… 155
3　マシーンワーク ………………………………………… 206
4　グラインディングワーク ……………………………… 224
5　ケミカルワーク2 ……………………………………… 225
6　タガネワーク2 ………………………………………… 252

付録
1　地質時代と生き物の盛衰 ……………………………… 258
2　全国の主な化石産地・産出化石 ……………………… 260
3　全国の化石を展示している博物館 …………………… 279
4　時代別索引（地図付） ………………………………… 290
5　採集装備 ………………………………………………… 296

あとがき …………………………………………………………… 297

北海道

北海道
中生代

稚内市東浦海岸。オホーツク海に面したこの海岸は，白亜紀の地層からできている。化石はそう多くないが，ノジュールからアンモナイトなどの化石が見つかる。春先が有望。人によっては，海中に沈んでいるノジュールを探す場合もあるという。

■フォラドミア

分類：軟体動物斧足類	
産地：北海道稚内市東浦海岸	
時代：白亜紀	サイズ：高さ5cm
母岩：泥岩	クリーニングの難易度：D

◎その形から通称ハートガイと呼んでいる。

■ネオフィロセラス

分類：軟体動物頭足類	
産地：北海道稚内市東浦海岸	
時代：白亜紀	サイズ：径2.5cm
母岩：泥質ノジュール	クリーニングの難易度：C

◎東浦は化石を含んだノジュールが比較的少なく，私自身，あまりいい化石は得られていない。

北海道 中生代

■メソプゾシア
分類：軟体動物頭足類
産地：北海道稚内市東浦海岸
時代：白亜紀　　サイズ：径3.6cm
母岩：泥質ノジュール　クリーニングの難易度：C
◎海岸に流れこむ小さな沢で採集したもの。

■植物の葉
分類：羊歯植物？
産地：北海道稚内市東浦海岸
時代：白亜紀　　サイズ：高さ1.7cm
母岩：泥質ノジュール　クリーニングの難易度：E
◎羊歯類の葉であろうか。この時代では、もうすでに被子植物のほうが多く見つかり、羊歯植物や裸子植物の化石は少ない。

■蘇鉄
分類：裸子植物蘇鉄類
産地：北海道稚内市東浦海岸
時代：白亜紀
サイズ：高さ12cm
母岩：泥質ノジュール
クリーニングの難易度：E
◎おそらく蘇鉄類の樹幹であろう。海岸に転がっていたもの。

北海道 中生代

猿払村の採石場にて。道北の猿払村でも何か所かの化石産地がある。道路沿いにあった工事現場に転がっていた大型のイノセラムス。

■ダメシテス
分類：軟体動物頭足類
産地：北海道宗谷郡猿払村上猿払
時代：白亜紀　　　サイズ：径2.5cm
母岩：泥質ノジュール　クリーニングの難易度：C
◎へその小さな普通種である。

■アンモナイト（不明種）
分類：軟体動物頭足類
産地：北海道宗谷郡猿払村上猿払
時代：白亜紀　　　サイズ：径1.6cm
母岩：泥岩　　　クリーニングの難易度：C
◎ゼランディテスの仲間か。

■ゴードリセラス
分類：軟体動物頭足類
産地：北海道宗谷郡猿払村上猿払
時代：白亜紀　　　サイズ：径1.6cm
母岩：泥質ノジュール　クリーニングの難易度：C
◎白亜紀ではもっとも普通の種類である。

■ダメシテス
分類：軟体動物頭足類
産地：北海道枝幸郡中頓別町豊平
時代：白亜紀　　　サイズ：径2.1cm
母岩：泥質ノジュール　クリーニングの難易度：D
◎ここのノジュールは数が少なく、見つかっても非常に硬いのが難点だ。しかし分離がよく、保存状態はいい。

■ パキディスカスの類

分類：軟体動物頭足類	
産地：北海道天塩郡遠別町ルベシ沢	
時代：白亜紀	サイズ：径17cm
母岩：泥岩	クリーニングの難易度：D

◎地層を掘っていて直接出てきたものだ。メナイテスと同じように棘が並んでいる。

■ パキディスカスの類

分類：軟体動物頭足類	
産地：北海道天塩郡遠別町ウッツ川	
時代：白亜紀	サイズ：径5cm
母岩：泥岩	クリーニングの難易度：E

◎林道沿いの崖下に転がっていたもの。不完全なものだったのでひと巻き剝いでみたら見事な縫合線が現れた。この類は内部がメノウで満たされているのが普通だ。

■ パキディスカスの類

分類：軟体動物頭足類	
産地：北海道天塩郡遠別町ウッツ川	
時代：白亜紀	サイズ：径12cm
母岩：泥岩	クリーニングの難易度：E

◎これも林道沿いの崖の中に直接埋まっていたものだ。ここのパキディスカスの仲間は、ノジュール中ではなく、たいてい泥岩の地層から直接産出する。右は正面から見たもの。

北海道 中生代

遠別町ルベシ沢の大露頭。この露頭にたどり着くまでが大変だが、大きな露頭なので必ず収穫はある。ただし、地層が乾燥していると硬くて掘りにくい。

■ メタプラセンチセラス・サブチリストリアータム

分類：軟体動物頭足類	
産地：北海道天塩郡遠別町ルベシ沢	
時代：白亜紀	サイズ：径3.5cm
母岩：泥質ノジュール	クリーニングの難易度：D

◎ルベシ沢のこの種は、ウッツ川のものよりも硬くて質がいいが、輝きが少ない。

A

B

■ メタプラセンチセラス・サブチリストリアータム

分類：軟体動物頭足類	産地：北海道天塩郡遠別町ウッツ川	時代：白亜紀
サイズ：A-径5.5cm, B-径3.7cm	母岩：泥質ノジュール	クリーニングの難易度：C

◎ほぼ完全体である。光線の加減によっては、もっときれいな虹色をする。

■ ネオプゾシア
分類：軟体動物頭足類
産地：北海道天塩郡遠別町ウッツ川
時代：白亜紀
サイズ：径12.5cm
母岩：泥岩
クリーニングの難易度：C
◎林道沿いの崖に埋もれていたもの。地層から直接産出。色といい、形といい、ジュラ紀のパーキンソニアによく似ている。ノジュールばかりに気をとられているとこういったものは見逃してしまう可能性がある。

■ ネオプゾシア
分類：軟体動物頭足類
産地：北海道天塩郡遠別町ウッツ川
| 時代：白亜紀 | サイズ：径3.6cm |
| 母岩：泥質ノジュール | クリーニングの難易度：D |
◎小さいながら特徴がはっきり出ている標本だ。

■ フィロパキセラス
分類：軟体動物頭足類
産地：北海道天塩郡遠別町ウッツ川
| 時代：白亜紀 | サイズ：径2cm |
| 母岩：泥質ノジュール | クリーニングの難易度：D |
◎真鍮色の金属光沢のある殻が大変美しい。

■ダメシテス
分類：軟体動物頭足類
産地：北海道天塩郡遠別町ウッツ川
時代：白亜紀　　サイズ：径2.3cm
母岩：泥質ノジュール　クリーニングの難易度：D
◎周期的なくびれがあり、へそが小さい。

■ゴードリセラス
分類：軟体動物頭足類
産地：北海道天塩郡遠別町ウッツ川
時代：白亜紀　　サイズ：径5cm
母岩：泥質ノジュール　クリーニングの難易度：C
◎この産地では比較的産出の少ない種類だ。従来、この産地ではメタプラセンチセラスしか産出しないと思われていたが、実際は多種多様な化石が産出している。

■異常巻きアンモナイト（不明種）←
分類：軟体動物頭足類
産地：北海道天塩郡遠別町ルベシ沢
時代：白亜紀
サイズ：長さ14cm
母岩：泥岩
クリーニングの難易度：E
◎縫合線が見えないので住房の部分と思われる。

■カニの爪（不明種）→
分類：節足動物甲殻類
産地：北海道天塩郡遠別町ウッツ川
時代：白亜紀
サイズ：長さ2cm
母岩：泥質ノジュール
クリーニングの難易度：C
◎ウッツ川ではこのようなノジュールが固まって産出するところがある。カニの爪かメタプラセンチセラスのどちらかが入っているのが普通だ。

中川町安川の安平志内川河畔。炭の沢林道ができる前の安平志内川の河畔だ。地層も軟らかく、ツルハシで掘っていると、直接あるいはノジュール中からたくさんの化石が産出した。

■ イノセラムス・ホベツエンシス

分類：軟体動物斧足類	
産地：北海道中川郡中川町板谷	
時代：白亜紀	サイズ：高さ15cm
母岩：泥質ノジュール	クリーニングの難易度：D

◎大型のイノセラムスである。

■ イノセラムス・ナウマンニー

分類：軟体動物斧足類	
産地：北海道中川郡中川町安平志内川	
時代：白亜紀	サイズ：高さ4.5cm
母岩：泥質ノジュール	クリーニングの難易度：C

◎中川町ではもっとも多いタイプの小型のイノセラムスである。

■ ツキヒガイの仲間

分類：軟体動物斧足類	
産地：北海道中川郡中川町安平志内川	
時代：白亜紀	サイズ：高さ1.7cm
母岩：泥質ノジュール	クリーニングの難易度：D

◎本体は溶け去り、外形の雌型となっている。外側にはほとんど模様はないが、内側には7、8本の顕著な放射肋がある。

北海道　中生代

■ナノナビス

分類：軟体動物斧足類	
産地：北海道中川郡中川町安平志内川	
時代：白亜紀	サイズ：長さ(左右)2.3cm
母岩：泥質ノジュール	クリーニングの難易度：D

◎グラマトドンともいう。白亜紀ではごく普通の二枚貝である。

■カプルス

分類：軟体動物腹足類	
産地：北海道中川郡中川町安平志内川	
時代：白亜紀	サイズ：母岩の左右15cm
母岩：泥質ノジュール	クリーニングの難易度：C

◎大型のイノセラムスの周りに3つのカプルスがついている。カサ貝型の巻き貝でやや大きなタイプだ。

A

B

■ネオフィロセラス

分類：軟体動物頭足類	産地：北海道中川郡中川町安平志内川	時代：白亜紀
サイズ：A-径3.7cm, B-写真の左右3cm	母岩：泥質ノジュール	クリーニングの難易度：D

◎飴色の方解石に置き換わり、縫合線がきわめて美しい。このような美しさが中川産の特徴だ。また、中川産の化石は分離がよく、殻を剥ぐとこのような美しい縫合線が現れる。これは外側の殻に隔壁が接するところの接線である。

12

■メソプゾシア

分類：軟体動物頭足類
産地：北海道中川郡中川町佐久
時代：白亜紀
サイズ：径5.5cm
母岩：泥質ノジュール
クリーニングの難易度：D

◎虹色に輝く殻が美しい。トンネル工事のさいに産出したものだ。北海道では工事現場の土砂捨て場からノジュールを探すのも一つの手である。

北海道 中生代

■ゴードリセラス

分類：軟体動物頭足類
産地：北海道中川郡中川町安平志内川
時代：白亜紀
サイズ：径5cm
母岩：泥質ノジュール
クリーニングの難易度：C

◎へその深いタイプのゴードリセラスだ。殻の輝きが美しい。

北海道 中生代

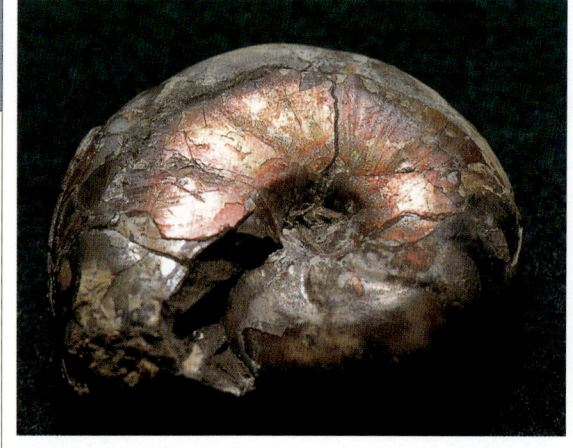

■ダメシテス
分類：軟体動物頭足類
産地：北海道中川郡中川町安平志内川
時代：白亜紀　　サイズ：径3cm
母岩：泥質ノジュール　クリーニングの難易度：C
◎北海道ではもっともたくさん産出する種類といっていいだろう。

■フィロパキセラス
分類：軟体動物頭足類
産地：北海道中川郡中川町安平志内川
時代：白亜紀　　サイズ：径2.5cm
母岩：泥質ノジュール　クリーニングの難易度：D
◎もっとも単純な形をしており、へそが狭くオウム貝に似ている。

■アンモナイト（不明種）
分類：軟体動物頭足類
産地：北海道中川郡中川町安平志内川
時代：白亜紀　　サイズ：径8cm
母岩：泥質ノジュール　クリーニングの難易度：B
◎キャナドセラスか。保存状態はあまりよくないが、安平志内川のかなり上流で採集したものである。

■チュリリテス
分類：軟体動物頭足類
産地：北海道中川郡中川町佐久
時代：白亜紀　　サイズ：高さ11cm
母岩：泥質ノジュール　クリーニングの難易度：E
◎中川町佐久の採石場の入り口で採集したもの。この化石1個だけが見つかった。

北海道 中生代

■ポリプチコセラス
分類：軟体動物頭足類	産地：北海道中川郡中川町安平志内川	時代：白亜紀
サイズ：長径8cm	母岩：泥質ノジュール	クリーニングの難易度：C

◎中川町で採集した初めてのポリプチコセラスである。

■バキュリテス
分類：軟体動物頭足類	
産地：北海道中川郡中川町安平志内川	
時代：白亜紀	サイズ：写真の長さ3cm（全長5cm）
母岩：泥質ノジュール	クリーニングの難易度：C

◎縫合線が見えなかったらツノ貝とまちがえそうな真っ直ぐな異常巻きアンモナイトである。

■広葉樹（不明種）
分類：被子植物双子葉類	
産地：北海道中川郡中川町安平志内川	
時代：白亜紀	サイズ：長さ2cm
母岩：泥質ノジュール	クリーニングの難易度：D

◎葉っぱの化石は珍しくないが、この標本のように外形がはっきりしているものはあまりない。

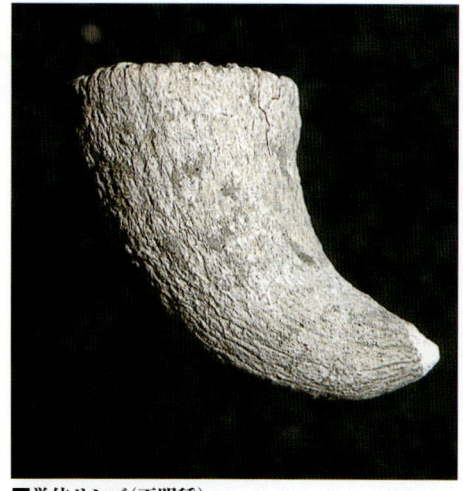

■ 単体サンゴ（不明種）

分類：腔腸動物六射サンゴ類	
産地：北海道苫前郡羽幌町待宵沢川	
時代：白亜紀	サイズ：高さ1.7cm
母岩：泥岩	クリーニングの難易度：E

◎サンゴの化石は大変数が少なくて珍しい。風化した泥岩の中から単体で産出。

■ イノセラムス・シュミッティ

分類：軟体動物斧足類	
産地：北海道苫前郡羽幌町羽幌川	
時代：白亜紀	サイズ：高さ15cm
母岩：泥質ノジュール	クリーニングの難易度：E

◎殻表に斜肋と呼ばれるうねりが現れるタイプだ。きわめて大型になる。

■ 二枚貝（不明種）

分類：軟体動物斧足類	
産地：北海道苫前郡羽幌町羽幌川	
時代：白亜紀	サイズ：高さ2cm
母岩：泥岩	クリーニングの難易度：D

◎小型でよく膨らむ。ごく普通に産出する。

■ アベラーナ

分類：軟体動物腹足類	
産地：北海道苫前郡羽幌町羽幌川	
時代：白亜紀	サイズ：高さ1cm
母岩：泥質ノジュール	クリーニングの難易度：D

◎マメウラシマガイの仲間で、小型の巻き貝である。

北海道 中生代

羽幌川本流。上羽幌から約15km、ここまで来てようやく白亜紀の地層が露出する。春先、雪解けの頃がいちばん有望で、ノジュールが崖下に転がっている。

■ティビア・ジャポニカ
分類：軟体動物腹足類	
産地：北海道苫前郡羽幌町ピッシリ沢	
時代：白亜紀	サイズ：高さ4.5cm
母岩：泥質ノジュール	クリーニングの難易度：D

◎ノジュールを割っていると、時折この手のタイプの巻き貝が出てくる。

■ハウエリセラス
分類：軟体動物頭足類
産地：北海道苫前郡羽幌町羽幌川
時代：白亜紀
サイズ：径15.2cm
母岩：泥質ノジュール
クリーニングの難易度：C

◎林道上にほとんどこの状態で転がっていたもの。長年あこがれていた化石の一つである。非常に薄っぺらなタイプで、羽幌町、苫前町、中川町でよく目にするが、なかなか完全なものにはお目にかかれない。

北海道 中生代

逆川の大露頭。逆川からは、大変美しい化石が産出する。内部の方解石は緑色をしていることが多い。アンモナイトの部屋の中は空洞になっている場合が多く、内部の構造を直接見ることができる。

■テキサナイテス

分類：軟体動物頭足類
産地：北海道苫前郡羽幌町逆川
時代：白亜紀
サイズ：径8cm
母岩：泥質ノジュール
クリーニングの難易度：C

◎逆川の林道に転がっていたもの。住房部分は壊れているが、かなりの大きさだ。

アンモナイトの産状。アイヌ沢を越え、中二股川に下る途中で見つけたアンモナイト。ノジュールではなく、地層に直接入っていた。

■テキサナイテス

分類：軟体動物頭足類
産地：北海道苫前郡羽幌町ピッシリ沢
時代：白亜紀
サイズ・径3cm
母岩：泥質ノジュール
クリーニングの難易度：B

◎先の尖った棘が片側に2列ついている。普通のテキサナイテスに比べ、棘が尖っている。

北海道 中生代

■フィロパキセラス
分類：軟体動物頭足類
産地：北海道苫前郡羽幌町羽幌川
時代：白亜紀　サイズ：径4cm
母岩：泥質ノジュール　クリーニングの難易度：D
◎正常巻きのアンモナイトの中ではいちばん好きな種類だ。

■スカラリテス
分類：軟体動物頭足類
産地：北海道苫前郡羽幌町羽幌川
時代：白亜紀　サイズ：径3cm
母岩：泥質ノジュール　クリーニングの難易度：B
◎ミミズが悶えているようなきわめて異常な形をしている。

■ネオプゾシア・イシカワイ
分類：軟体動物頭足類
産地：北海道苫前郡羽幌町羽幌川
時代：白亜紀
サイズ：径10cm
母岩：泥質ノジュール
クリーニングの難易度：C
◎非常に保存のよい見事な標本だ。このノジュールの中には，ポリプチコセラスやバキュリテスなどが密集して入っていた。吉田標本。

北海道 中生代

■ポリプチコセラスの内部

分類:軟体動物頭足類	
産地:北海道苫前郡羽幌町逆川	
時代:白亜紀	サイズ:A-写真の左右6.5cm
母岩:泥質ノジュール	クリーニングの難易度:C

◎内部が空洞になっており、隔壁と連室細管が見える。縫合線がどのようにしてできるのかがよく理解できる。隔壁が殻と接するところで大きくうねり、菊の葉のような縫合線を作り出す。

■ポリプチコセラス

分類:軟体動物頭足類	産地:北海道苫前郡羽幌町羽幌川	時代:白亜紀
サイズ:長径8.2cm	母岩:泥質ノジュール	クリーニングの難易度:C

◎完全な形の標本である。羽幌町や苫前町では普通に産出するが、完全な形で残っているものは少ない。

■ヘテロプチコセラス
分類：軟体動物頭足類
産地：北海道苫前郡羽幌町逆川
時代：白亜紀　　　サイズ：長径7cm
母岩：泥質ノジュール　クリーニングの難易度：C
◎まるで釣針のような形をしたポリプチコセラスの仲間だ。

■バキュリテス
分類：軟体動物頭足類
産地：北海道苫前郡羽幌町羽幌川
時代：白亜紀　　　サイズ：長さ13.5cm
母岩：泥質ノジュール　クリーニングの難易度：D
◎羽幌産ではいちばん長い標本だ。殻口も残っている。

北海道 中生代

■バキュリテス
分類：軟体動物頭足類	
産地：北海道苫前郡羽幌町逆川	
時代：白亜紀	サイズ：長さ5cm
母岩：泥質ノジュール	クリーニングの難易度：D

◎中が空洞になった標本。ポリプチコセラスよりも部屋が狭く、単位長さ当たりの部屋数も多いようだ。

■ハイファントセラス
分類：軟体動物頭足類	
産地：北海道苫前郡羽幌町逆川	
時代：白亜紀	サイズ：長さ7cm
母岩：泥質ノジュール	クリーニングの難易度：B

◎ドリルの歯のような種類である。

■異常巻きアンモナイト（不明種）
分類：軟体動物頭足類	
産地：北海道苫前郡羽幌町羽幌川	
時代：白亜紀	サイズ：径2cm
母岩：泥質ノジュール	クリーニングの難易度：C

◎エビスガイのような巻き貝の形をした種類。

■異常巻きアンモナイト（不明種）
分類：軟体動物頭足類	
産地：北海道苫前郡羽幌町逆川	
時代：白亜紀	サイズ：長さ10cm
母岩：泥質ノジュール	クリーニングの難易度：C

◎住房の部分と思われる。王冠のような突起をいくつも持つ肋が殻に覆い被さるように周期的に現れる。

■鞘型類（不明種）

分類：軟体動物頭足類	
産地：北海道苫前郡羽幌町ピッシリ沢	
時代：白亜紀	サイズ：長さ3.2cm
母岩：泥質ノジュール	クリーニングの難易度：D

◎直角石のような形をしたタイプ。直角石との違いは、連室細管が隔壁の中心部分ではなく、縁を貫く点である。

■骨（不明種）

分類：脊椎動物	
産地：北海道苫前郡羽幌町羽幌川	
時代：白亜紀	サイズ：左右6.5cm
母岩：泥質ノジュール	クリーニングの難易度：B

◎角張った板状をしており、組織は放射状をなす。カメの腹甲かもしれない。酢酸にてクリーニング。

■ヒボダス

分類：脊椎動物軟骨魚類	
産地：北海道苫前郡羽幌町羽幌川	
時代：白亜紀	サイズ：高さ8mm
母岩：泥質ノジュール	クリーニングの難易度：C

◎古いタイプのサメの歯である。

■サメの歯（不明種）

分類：脊椎動物軟骨魚類	
産地：北海道苫前郡羽幌町ピッシリ沢	
時代：白亜紀	サイズ：高さ2.8cm
母岩：泥岩	クリーニングの難易度：C

◎イスルスの仲間か？ 地層から直接産出。

北海道 中生代

■六射サンゴ（不明種）
分類：腔腸動物六射サンゴ類
産地：北海道苫前郡苫前町古丹別川
時代：白亜紀　　　サイズ：径1.4cm
母岩：泥質ノジュール　クリーニングの難易度：E
◎風化横断面である。

■アピオトリゴニア
分類：軟体動物斧足類
産地：北海道苫前郡苫前町古丹別川
時代：白亜紀　　　サイズ：長さ（左右）1.5cm
母岩：泥質ノジュール　クリーニングの難易度：D
◎小型のトリゴニア（三角貝）だが、分離が悪く殻表が現れないのが普通だ。

■キララガイ（学名：アシラ）
分類：軟体動物斧足類
産地：北海道苫前郡苫前町古丹別川
時代：白亜紀　　　サイズ：長さ（左右）1.7cm
母岩：泥質ノジュール　クリーニングの難易度：D
◎この二枚貝は、殻表に特徴的な模様を持つ。

■ヌクロプシス
分類：軟体動物斧足類
産地：北海道苫前郡苫前町古丹別川
時代：白亜紀　　　サイズ：長さ（左右）1.4cm
母岩：泥質ノジュール　クリーニングの難易度：E
◎ごく普通の二枚貝で、たいてい合弁で産出する。

■イノセラムスの一種
分類：軟体動物斧足類
産地：北海道苫前郡苫前町古丹別川
| 時代：白亜紀 | サイズ：高さ4cm |
| 母岩：泥質ノジュール | クリーニングの難易度：D |

◎古丹別川ではもっとも普通な種類。

■カプルス
分類：軟体動物腹足類
産地：北海道苫前郡苫前町古丹別川
| 時代：白亜紀 | サイズ：高さ2.5cm |
| 母岩：泥質ノジュール | クリーニングの難易度：D |

◎カサ貝型の巻き貝である。産出は多いが、殻頂が飛びやすい。

■キマトセラス
分類：軟体動物頭足類
産地：北海道苫前郡苫前町古丹別川
| 時代：白亜紀 | サイズ：径11cm |
| 母岩：泥岩 | クリーニングの難易度：D |

◎オウム貝の一種。地層から直接産出したもの。

■キマトセラス
分類：軟体動物頭足類
産地：北海道苫前郡苫前町古丹別川
| 時代：白亜紀 | サイズ：径14cm |
| 母岩：砂岩 | クリーニングの難易度：C |

◎80cmのアンモナイトのすぐ横から産出したもの。砂岩からは珍しい。

北海道 中生代

■ゴードリセラス
分類：軟体動物頭足類
産地：北海道苫前郡苫前町古丹別川
時代：白亜紀
サイズ：径7.5cm
母岩：泥質ノジュール
クリーニングの難易度：C
◎もっとも多産する種類だが、大きくて完全なものは少ない。

■ゴードリセラス
分類：軟体動物頭足類
産地：北海道苫前郡苫前町古丹別川
時代：白亜紀
サイズ：径6cm
母岩：泥質ノジュール
クリーニングの難易度：D
◎急に成長するタイプだ。

■メソプゾシア
分類：軟体動物頭足類
産地：北海道苫前郡苫前町古丹別川
時代：白亜紀
サイズ：径4.4cm
母岩：泥質ノジュール
クリーニングの難易度：C
◎殻口にラベットと呼ばれる部分が残っている。

■ポリプチコセラス←
分類：軟体動物頭足類
産地：北海道苫前郡苫前町古丹別川
時代：白亜紀
サイズ：長径8.5cm
母岩：泥質ノジュール
クリーニングの難易度：B
◎この種は巻きが1周半しかしていないものがほとんどだが，これは2周している。

■ポリプチコセラス➡
分類：軟体動物頭足類
産地：北海道苫前郡苫前町古丹別川
時代：白亜紀
サイズ：長径8.2cm
母岩：泥質ノジュール
クリーニングの難易度：B
◎完全に保存された標本。全般に初房が欠けているものが多い。

■ポリプチコセラスの幼貝
分類：軟体動物頭足類
産地：北海道苫前郡苫前町古丹別川
| 時代：白亜紀 | サイズ：長径9mm |
| 母岩：泥質ノジュール | クリーニングの難易度：B |
◎住房部分が残っているので初期の殻であることがわかる。

■ハイファントセラス
分類：軟体動物頭足類
産地：北海道苫前郡苫前町古丹別川
| 時代：白亜紀 | サイズ：径7cm |
| 母岩：泥質ノジュール | クリーニングの難易度：C |
◎大きく緩く巻いていく異常巻きアンモナイト。

北海道 中生代

クリーニングのポイント1
タガネワーク1

ノジュールの中にポリプチコセラスと思われる化石を確認。

化石の形と入っている方向を想像しながらタガネで彫り進む。

周囲の石をきれいに削り, 形を整えて終了。

ほぼ全体像が出る。

北海道産のアンモナイトはノジュールから産出するのが普通だ。ノジュールは泥岩をセメントで固めたようなものになっているので, タガネを使って余分な石を徐々に削っていくわけだが, 化石を傷つけないように作業するのは非常に難しい。また, 地域によってノジュールの質・硬さ・分離状態が違うので, 経験を積むことが大切だし, 化石の一部分を見ただけで, それが何の化石であるか, どういう具合に入っているかを見極める能力も必要だ。

タガネワークの実際

タガネワークの道具類

■ヘテロプチコセラス
分類：軟体動物頭足類
産地：北海道苫前郡苫前町古丹別川
時代：白亜紀
サイズ：長径5cm
母岩：泥質ノジュール
クリーニングの難易度：C
◎ポリプチコセラスとカーブの仕方が少し違う。

■エビ（不明種）
分類：節足動物甲殻類
産地：北海道苫前郡苫前町古丹別川
時代：白亜紀
サイズ：長さ1cm
母岩：泥質ノジュール
クリーニングの難易度：C
◎現生のコシオリエビ類に似る。横皺が多い。

古丹別川で見つけたノジュール。こういう石の中にアンモナイトが入っている。化石を見つけることはノジュールを見つけることでもある。少しでも化石が見えていたら、決して現地では割らず、そのまま持ち帰って家でクリーニングすること。

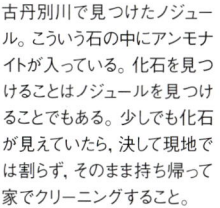

■バキュリテス
分類：軟体動物頭足類
産地：北海道苫前郡苫前町古丹別川
時代：白亜紀　サイズ：長さ14.5cm
母岩：泥質ノジュール　クリーニングの難易度：D
◎この種の化石では最長である。

北海道　中生代

北海道 中生代

■魚鱗（不明種）
分類：脊椎動物硬骨魚類	
産地：北海道苫前郡苫前町古丹別川	
時代：白亜紀	サイズ：左右2cm
母岩：泥質ノジュール	クリーニングの難易度：D

◎ウロコの化石は非常に多く、数cmもある大きなものもある。

■スコーリコラックス
分類：脊椎動物軟骨魚類	
産地：北海道苫前郡苫前町古丹別川	
時代：白亜紀	サイズ：高さ1.5cm
母岩：泥質ノジュール	クリーニングの難易度：D

◎白亜紀の代表的なサメの歯である。

■ノチダノドン
分類：脊椎動物軟骨魚類	
産地：北海道苫前郡苫前町古丹別川	
時代：白亜紀	サイズ：幅3.4cm
母岩：泥質ノジュール	クリーニングの難易度：C

◎カグラザメの仲間である。歯冠の中央付近の咬頭が大きくなること、歯根が長いことが特徴。足立標本。

■クレトラムナ
分類：脊椎動物軟骨魚類	
産地：北海道苫前郡苫前町古丹別川	
時代：白亜紀	サイズ：高さ2cm
母岩：泥質ノジュール	クリーニングの難易度：C

◎白亜紀の代表的なサメの歯だ。主となる歯（主咬頭）の両サイドに小さな歯（副咬頭）がある。

■首長竜？（不明種）
分類：脊椎動物爬虫類
産地：北海道苫前郡苫前町古丹別川
時代：白亜紀　　　サイズ：長さ7cm
母岩：泥岩　　　　クリーニングの難易度：D
◎首長竜の脊椎と思われる。酢酸処理による。右上は接合面を，左下は背面から見たもの。

■種子（不明種）
分類：被子植物双子葉類
産地：北海道苫前郡苫前町古丹別川
時代：白亜紀　　　サイズ：長さ1.8cm
母岩：泥質ノジュール　クリーニングの難易度：D
◎植物の種の化石と思われる。このての化石も意外と多い。

苫前町古丹別川本流わきの崖で60cmのアンモナイトを採集した時の様子だ。地層から直接産出した。周りからは小型のアンモナイトを含むノジュールがたくさん産出している。

■六射サンゴ（不明種）
分類：腔腸動物六射サンゴ類
産地：北海道留萌郡小平町小平蘂川
時代：白亜紀　　　サイズ：径8mm
母岩：砂岩　　　　クリーニングの難易度：E
◎砂岩からの産出が珍しい。

■ヨコヤマオセラス
分類：軟体動物頭足類
産地：北海道留萌郡小平町小平蘂川
時代：白亜紀　　　サイズ：径2.4cm
母岩：泥質ノジュール　クリーニングの難易度：D
◎形はメソプゾシアに似ているが、2列の突起が数個並ぶ。

■ゴードリセラス・デンセプリカータム
分類：軟体動物頭足類
産地：北海道留萌郡小平町霧平峠
時代：白亜紀　　　サイズ：径8.5cm
母岩：泥質ノジュール　クリーニングの難易度：C
◎殻表を細い肋が密に装飾するのが特徴。

■テトラゴニテス
分類：軟体動物頭足類
産地：北海道留萌郡小平町小平蘂川
時代：白亜紀　　　サイズ：径9cm
母岩：泥質ノジュール　クリーニングの難易度：D
◎へそが深く、急激に成長するタイプ。

■ メナイテス
分類：軟体動物頭足類
産地：北海道留萌郡小平町霧平峠
時代：白亜紀
サイズ：径8.5cm
母岩：泥質ノジュール
クリーニングの難易度：B
◎殻表に突起が並ぶタイプ。クリーニングには特別気を使う。

■ スカフィテス
分類：軟体動物頭足類
産地：北海道留萌郡小平町小平蘂川
時代：白亜紀　サイズ：長径1.5cm
母岩：泥質ノジュール　クリーニングの難易度：C
◎数字の9のような異常巻きアンモナイト。

■ スカフィテス
分類：軟体動物頭足類
産地：北海道留萌郡小平町小平蘂川
時代：白亜紀　サイズ：長径2.4cm
母岩：泥質ノジュール　クリーニングの難易度：C
◎スカフィテスのもう一つのタイプ。不思議と密集して産出する。

北海道 中生代

■ニッポニテス・ミラビリス
分類：軟体動物頭足類
産地：北海道留萌郡小平町上記念別川
時代：白亜紀
サイズ：左右8.5cm
母岩：泥質ノジュール
クリーニングの難易度：B
◎異常巻きの代表的な種類である。一見してむちゃくちゃな巻き方をしているように見えるが、これでも規則正しく巻いているのだ。宮北標本。

■シュードオキシベロセラス
分類：軟体動物頭足類
産地：北海道留萌郡小平町小平蘂川
時代：白亜紀　サイズ：長さ7cm
母岩：泥質ノジュール　クリーニングの難易度：D
◎平らな背面に2列の突起が並ぶ異常巻きアンモナイト。

■アナプチクス
分類：軟体動物頭足類
産地：北海道留萌郡小平町霧平峠
時代：白亜紀　サイズ：左右2.2cm
母岩：泥質ノジュール　クリーニングの難易度：C
◎アンモナイトの蓋とも顎器ともいわれるもの。産出は多い。

■エビ（不明種）
分類：節足動物甲殻類
産地：北海道留萌郡小平町小平蘂川
時代：白亜紀　　　サイズ：長さ7mm
母岩：泥質ノジュール　クリーニングの難易度：C
◎29ページのエビと同種と思われる。コシオリエビの仲間。

■ウニ（不明種）
分類：棘皮動物ウニ類
産地：北海道留萌郡小平町小平蘂川
時代：白亜紀　　　サイズ：高さ5cm
母岩：泥質ノジュール　クリーニングの難易度：A
◎ウニの化石も比較的多いが、分離が悪くいい標本は得にくい。泥岩から直接産出するもののほうが殻との分離もよい。ただし潰れているのが普通である。

■サメ類の脊椎？（不明種）
分類：脊椎動物軟骨魚類
産地：北海道留萌郡小平町小平蘂川
時代：白亜紀　　　サイズ：径6cm
母岩：泥質ノジュール　クリーニングの難易度：E
◎おそらくサメ類の脊椎であろう。

水没以前の小平蘂湖。山裾に旧道と橋が見えるが、その付近からサンゴの化石を採集した。

北海道　中生代

北海道 中生代

■プテロトリゴニア

分類：軟体動物斧足類	
産地：北海道三笠市幾春別川	
時代：白亜紀	サイズ：個体の長さ7cm
母岩：珪質砂岩	クリーニングの難易度：C

◎三角貝と呼ばれる二枚貝で示準化石である。

■アナプチクス

分類：軟体動物頭足類	
産地：北海道三笠市桂沢湖	
時代：白亜紀	サイズ：左右2.5cm
母岩：泥質ノジュール	クリーニングの難易度：D

◎クリーニングをしていないと、二枚貝やカプルスとまちがえやすい。

■アンモナイト（不明種）

分類：軟体動物頭足類	
産地：北海道三笠市幾春別川	
時代：白亜紀	サイズ：径9cm
母岩：珪質砂岩	クリーニングの難易度：B

◎アカントセラスか。生まれて初めて採集したアンモナイトである。

■ダメシテス

分類：軟体動物頭足類	
産地：北海道三笠市桂沢湖	
時代：白亜紀	サイズ：径3.5cm
母岩：泥質ノジュール	クリーニングの難易度：C

◎幾春別川ではもっとも多く産出する種類。へそがきわめて小さい。

■ウミユリ(不明種)
分類：棘皮動物ウミユリ類
産地：北海道三笠市桂沢湖
時代：白亜紀　　　　　サイズ：径5mm
母岩：泥質ノジュール　クリーニングの難易度：E
◎いわゆる五角ウミユリである。北海道では珍しい。足立標本。

■カグラザメ(学名：ヘキサンカス)
分類：脊椎動物軟骨魚類
産地：北海道三笠市桂沢湖・熊追沢
時代：白亜紀　　　　　サイズ：幅1.7cm
母岩：泥質ノジュール　クリーニングの難易度：B
◎直径30cmくらいの大きなノジュールの中に、数個のサメの歯が入っていた。これはそのうちの一つ。

■クレトラムナ
分類：脊椎動物軟骨魚類
産地：北海道三笠市奔別川
時代：白亜紀　　　　　サイズ：高さ9mm
母岩：礫岩(砂岩中)　　クリーニングの難易度：C
◎礫岩の薄層に密集して産出する。

春先の桂沢湖・熊追沢。小沢の雪の上にはノジュールが転がっていることがある。

北海道　中生代

北海道 中生代

■魚鱗（不明種）
分類：脊椎動物硬骨魚類	
産地：北海道勇払郡穂別町ソソジ沢	
時代：白亜紀	サイズ：幅1.7cm
母岩：泥質ノジュール	クリーニングの難易度：D

◎サメの歯とともに産出。

■フォラドミア
分類：軟体動物斧足類	
産地：北海道浦河郡浦河町井寒台	
時代：白亜紀	サイズ：高さ4.5cm
母岩：泥岩	クリーニングの難易度：D

◎通称、ハートガイという。

浦河町井寒台の海岸。上を国道が通っており、浜はコンブ干場となっている。風化により崖は徐々に傾斜を緩めていて、そのために年々化石は採れなくなっている。

■ゴードリセラス・インターメディウム
分類：軟体動物頭足類
産地：北海道浦河郡浦河町井寒台
時代：白亜紀
サイズ：径25cm
母岩：泥岩
クリーニングの難易度：C
◎大型になるタイプ。地層から直接産出。

■ハウエリセラス
分類：軟体動物頭足類
産地：北海道浦河郡浦河町井寒台
時代：白亜紀　サイズ：径15cm
母岩：泥質ノジュール　クリーニングの難易度：C
◎浦河町の井寒台ではハウエリセラスがもっとも多く産出する。

■ウニ（不明種）
分類：棘皮動物ウニ類
産地：北海道浦河郡浦河町井寒台
時代：白亜紀　サイズ：径5cm
母岩：泥岩　クリーニングの難易度：D
◎潰れてはいるが、殻も残って保存状態は良好。地層から直接産出。

北海道　中生代

北海道 中生代

■オピス・ホッカイドウエンシス
分類：軟体動物斧足類
産地：北海道厚岸郡浜中町奔幌戸
時代：白亜紀　サイズ：高さ3cm
母岩：砂岩・礫岩　クリーニングの難易度：D
◎浜中町奔幌戸では数種類の二枚貝の化石が産出するが、殻は溶けてほとんど残っていないのが普通だ。合弁で出ることが多い。

■巻き貝（不明種）
分類：軟体動物腹足類
産地：北海道厚岸郡浜中町琵琶瀬
時代：白亜紀　サイズ：高さ2.5cm
母岩：泥岩　クリーニングの難易度：D
◎モミジソデガイの仲間と思われる。密集して産出。

■ゴードリセラス・ハマナカエンセ
分類：軟体動物頭足類
産地：北海道厚岸郡浜中町奔幌戸
時代：白亜紀　サイズ：径10cm
母岩：礫岩　クリーニングの難易度：D
◎礫岩の中から産出するという特異なケースながら、比較的保存がよく、産出個数も多い。

浜中町奔幌戸での産状。海岸の岩場をのぞくとアンモナイトの抜け跡を発見。現在は地形が変わって採れなくなった。

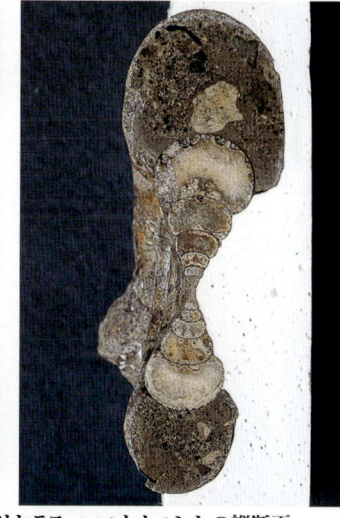

北海道 中生代

■ゴードリセラス・ハマナカエンセ
分類：軟体動物頭足類	
産地：北海道厚岸郡浜中町奔幌戸	
時代：白亜紀	サイズ：径12cm
母岩：礫岩	クリーニングの難易度：D

◎もっとも大きな標本だ。残念ながら、ほとんどの化石は壊れていて、完全な標本は少ない。

■ゴードリセラス・ハマナカエンセの縦断面
分類：軟体動物頭足類	
産地：北海道厚岸郡浜中町奔幌戸	
時代：白亜紀	サイズ：径7.3cm
母岩：礫岩	クリーニングの難易度：D

◎不完全標本を縦に切ってみた。内部は方解石で満たされている。

■リンコネラ
分類：腕足動物有関節類	
産地：北海道厚岸郡浜中町奔幌戸	
時代：白亜紀	サイズ：高さ3cm
母岩：礫岩	クリーニングの難易度：C

◎同じ地層からリンコネラが産出するのもこの産地の特徴だ。

奔幌戸の海岸。釧路の地震でこの崖の化石産出層が崩れ、化石が容易に採集できるようになったのだが、浸食により、1999年6月現在ではもとの切り立った崖に戻り、採集しにくくなった。

41

北海道 新生代

■ サンゴ？（不明種）
分類：腔腸動物六射サンゴ類？	
産地：北海道稚内市抜海	
時代：第三紀	サイズ：径2.5cm
母岩：シルト	クリーニングの難易度：E

◎本体は溶け去って印象になっている。フジツボかもしれない。

■ オウナガイ
分類：軟体動物斧足類	
産地：北海道稚内市抜海	
時代：第三紀	サイズ：長さ(左右)11cm
母岩：シルト	クリーニングの難易度：E

◎殻頂が角張った大型の二枚貝。

■ 魚骨（不明種）
分類：脊椎動物硬骨魚類	
産地：北海道稚内市抜海	
時代：第三紀	サイズ：長さ(左右)4cm
母岩：シルト	クリーニングの難易度：E

◎この産地での化石産出量はきわめて少ないが、時折こういった珍しい化石も産出するからばかにできない。

■ 鯨類の脊椎？（不明種）
分類：脊椎動物哺乳類	
産地：北海道天塩郡遠別町ウッツ川	
時代：第三紀	サイズ：径5cm
母岩：シルト	クリーニングの難易度：C

◎脊椎の接合面。

遠別町ウッツ川での骨化石の産状。あまり成層しない砂質頁岩の中に、破損した骨が多産した。

北海道 新生代

■鯨類の脊椎（不明種）

分類：脊椎動物哺乳類	
産地：北海道天塩郡遠別町ウッツ川	
時代：第三紀	サイズ：径7cm
母岩：シルト	クリーニングの難易度：C

◎分離がよくないために表面の様子ははっきりしないが、形だけはよくわかる。

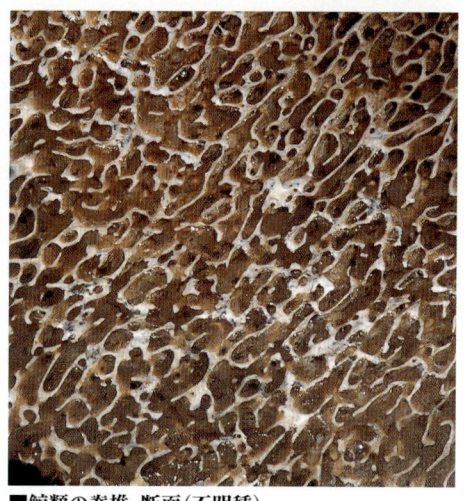

■鯨類の脊椎・断面（不明種）

分類：脊椎動物哺乳類	
産地：北海道天塩郡遠別町ウッツ川	
時代：第三紀	サイズ：写真の左右2cm
母岩：シルト	クリーニングの難易度：C

◎切断して研磨したもの。スポンジ状の組織をしているのがわかる。

北海道 新生代

ウニの産状。初山別村の豊岬海岸に転がっていたウニの化石。

■ウニ（不明種）

分類：棘皮動物ウニ類	
産地：北海道苫前郡初山別村豊岬	
時代：第三紀	サイズ：径5cm
母岩：砂岩	クリーニングの難易度：B

◎カシパンウニに似る。分離は悪い。

初山別村豊岬の海岸。海岸に露出する地層には、数多くのノジュールが入っており、その中に化石が入っていることが多い。

■魚骨（不明種）
分類：脊椎動物硬骨魚類
産地：北海道苫前郡初山別村豊岬
時代：第三紀
サイズ：長さ7cm
母岩：硬質ノジュール
クリーニングの難易度：B
◎母岩は非常に硬いノジュールだ。

北海道　新生代

■鰭脚類の歯？（不明種）
分類：脊椎動物哺乳類
産地：北海道苫前郡初山別村豊岬

時代：第三紀	サイズ：高さ7cm
母岩：硬質ノジュール	クリーニングの難易度：B

◎ノジュールが海岸の転石となり、その中から見つかった。周りについている骨片はクジラのものと思われる。

45

北海道 新生代

■キララガイ(学名:アシラ)のノジュール
分類:軟体動物斧足類	
産地:北海道苫前郡羽幌町曙	
時代:第三紀	サイズ:径4〜7cm
母岩:泥質ノジュール	クリーニングの難易度:A

◎この中にはキララガイの化石が必ず1個入っている。分離が悪く殻表の観察は不可能。

■貝化石ブロック
分類:軟体動物斧足類,腹足類,掘足類	
産地:北海道苫前郡羽幌町中二股川	
時代:第三紀	サイズ:写真の左右15cm
母岩:砂岩	クリーニングの難易度:C

◎羽幌川の上流は白亜紀層と第三紀層が入り交じっており、第三紀層には貝化石の密集層が点在する。

A

B

■フナクイムシ(学名:テレド)↑
分類:軟体動物斧足類	
産地:北海道苫前郡羽幌町曙	
時代:第三紀	サイズ:長さ17cm、径8cm
母岩:細粒砂岩	クリーニングの難易度:E

◎流木に穿孔する二枚貝で、その住処の化石である。Aは横断面。

■キララガイ(学名:アシラ)←
分類:軟体動物斧足類	
産地:北海道苫前郡苫前町古丹別川	
時代:第三紀	サイズ:長さ(左右)2.5cm
母岩:細粒砂岩	クリーニングの難易度:C

◎これは第三紀層から産出したキララガイで、すぐ近くから白亜紀のキララガイも産出する。

北海道 新生代

■メタセコイア

分類:裸子植物毬果類	産地:北海道白糠郡白糠町中庶路	時代:第三紀漸新世
サイズ:写真の左右15cm	母岩:泥板岩	クリーニングの難易度:D

◎炭鉱のズリ捨て場で拾ったもの。今は閉山して採集不可能。

■広葉樹(不明種)

分類:被子植物双子葉類	
産地:北海道白糠郡白糠町中庶路	
時代:第三紀漸新世	サイズ:長さ6.5cm
母岩:泥板岩	クリーニングの難易度:D

◎北海道東部の太平洋側には漸新世の植物化石が多く、炭層を挟んでいて今でも採掘されている。

■羊歯類?(不明種)

分類:羊歯植物?	
産地:北海道白糠郡白糠町中庶路	
時代:第三紀漸新世	サイズ:長さ4cm
母岩:泥板岩	クリーニングの難易度:D

◎羊歯類の葉と思われる。この地域では羊歯類の化石が多い。

北海道 新生代

■タカハシホタテ（学名：フォルティペクテン）

分類：軟体動物斧足類	
産地：北海道雨竜郡沼田町幌新太刀別川	
時代：第三紀中新世	サイズ：高さ15cm
母岩：泥岩～シルト	クリーニングの難易度：D

◎大きく膨らむタイプのホタテガイ。

■エゾボラの一種

分類：軟体動物腹足類	
産地：北海道雨竜郡沼田町幌新太刀別川	
時代：第三紀中新世	サイズ：高さ11cm
母岩：泥岩～シルト	クリーニングの難易度：C

◎比較的大型になる巻き貝。

■フジツボ（不明種）

分類：節足動物蔓脚類	
産地：北海道雨竜郡沼田町幌新太刀別川	
時代：第三紀中新世	サイズ：高さ4cm
母岩：泥岩～シルト	クリーニングの難易度：C

◎比較的大型のフジツボ類。

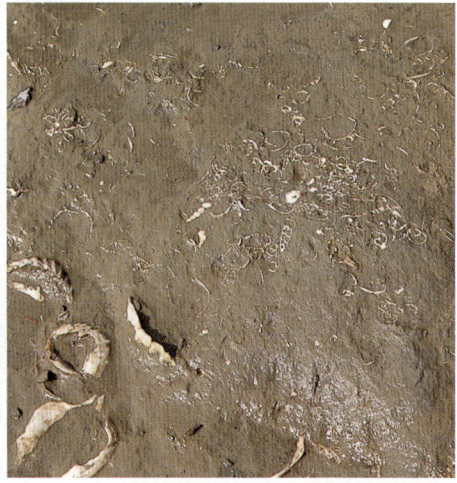

沼田町幌新太刀別川の産状。河床には無数の化石が埋まっている。

東北 古生代

■二枚貝（不明種）
分類：軟体動物斧足類	
産地：岩手県東磐井郡東山町粘土山	
時代：デボン紀	サイズ：高さ1.1cm
母岩：褐色頁岩	クリーニングの難易度：D

◎デボン紀の二枚貝は珍しい。

■スピリファー
分類：腕足動物有関節類	
産地：岩手県東磐井郡東山町粘土山	
時代：デボン紀	サイズ：幅3cm
母岩：褐色頁岩	クリーニングの難易度：D

◎圧力で変形している。

■三葉虫（不明種）
分類：節足動物三葉虫類	
産地：岩手県東磐井郡東山町粘土山	
時代：デボン紀	サイズ：高さ1.2cm
母岩：褐色頁岩	クリーニングの難易度：D

◎頭部の化石であるが、殻は溶け去り、変形がはなはだしい。

大船渡市樋口沢での採集風景。この近辺からはサンゴや三葉虫、ウミユリなどがたくさん産出する。

東北　古生代

■四射サンゴの群集（不明種）
分類	腔腸動物四射サンゴ類	
産地	岩手県大船渡市日頃市町樋口沢	
時代	デボン紀	サイズ：個体の径5mm
母岩	珪質頁岩	クリーニングの難易度：E

◎小さな単体サンゴの印象化石である。

■二枚貝（不明種）
分類	軟体動物斧足類	
産地	岩手県大船渡市日頃市町樋口沢	
時代	デボン紀	サイズ：長さ3cm
母岩	頁岩	クリーニングの難易度：D

◎この産地は巻き貝だけ、二枚貝だけ、三葉虫だけと産出化石がはっきり分かれているのが特徴だ。

■直角石（不明種）
分類	軟体動物頭足類	
産地	岩手県大船渡市日頃市町樋口沢	
時代	デボン紀	サイズ：長さ3.7cm
母岩	珪質頁岩	クリーニングの難易度：D

◎隔壁と連室細管がはっきり確認できる標本。

■ライノファコプス
分類	節足動物三葉虫類	
産地	岩手県大船渡市日頃市町樋口沢	
時代	デボン紀	サイズ：左右1cm
母岩	砂質頁岩	クリーニングの難易度：C

◎頭部の化石である。殻が溶け去った印象化石だが、複眼がはっきり確認できる。

東北　古生代

■三葉虫（不明種）
分類：節足動物三葉虫類	
産地：岩手県大船渡市日頃市町樋口沢	
時代：デボン紀	サイズ：高さ1cm
母岩：砂質頁岩	クリーニングの難易度：C

◎遊離頬の密集体である。デチェネラの仲間か？

■三葉虫（不明種）
分類：節足動物三葉虫類	
産地：岩手県大船渡市日頃市町樋口沢	
時代：デボン紀	サイズ：幅約1cm
母岩：砂質頁岩	クリーニングの難易度：C

◎胸部の密集体である。

■三葉虫（不明種）
分類：節足動物三葉虫類	
産地：岩手県大船渡市日頃市町樋口沢	
時代：デボン紀	サイズ：長さ1.4cm
母岩：砂質頁岩	クリーニングの難易度：C

◎尾部に棘を持ったタイプ。

■三葉虫の密集体
分類：節足動物三葉虫類	
産地：岩手県大船渡市日頃市町樋口沢	
時代：デボン紀	サイズ：写真の左右6cm
母岩：砂質頁岩	クリーニングの難易度：C

◎ここでは複数の種類の三葉虫がみられる。密集していて日本離れした産状だ。

東北　古生代

■フェネステラ
分類：蘚虫動物隠口類
産地：岩手県大船渡市日頃市町鬼丸
時代：石炭紀　　　サイズ：長さ6cm
母岩：硬質粘板岩　クリーニングの難易度：B
◎網目状をしたもっともポピュラーな蘚虫である。

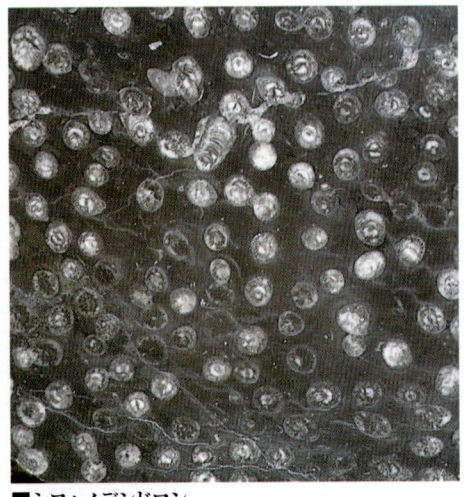

■シフォノデンドロン
分類：腔腸動物四射サンゴ類
産地：岩手県大船渡市日頃市町樋口沢
時代：石炭紀　　　サイズ：径5mm
母岩：石灰岩　　　クリーニングの難易度：B
◎研磨横断面。細いパイプを束ねたようなサンゴ。足立標本。

■シフォノデンドロン
分類：腔腸動物四射サンゴ類
産地：岩手県大船渡市日頃市町樋口沢
時代：石炭紀
サイズ：幅20cm
母岩：石灰岩
クリーニングの難易度：E
◎大きな群体の風化面である。局所的に密集して産出する。吉田標本。

東北 古生代

■シリンゴポーラ

分類：腔腸動物四射サンゴ類	
産地：岩手県大船渡市日頃市町樋口沢	
時代：石炭紀	サイズ：幅14cm
母岩：石灰岩	クリーニングの難易度：E

◎細い樹枝状の群体サンゴである。

■アクチノシアタス

分類：腔腸動物四射サンゴ類	
産地：岩手県大船渡市日頃市町鬼丸	
時代：石炭紀	サイズ：写真の左右10cm
母岩：石灰岩	クリーニングの難易度：E

◎密着型の群体サンゴ。吉田標本。

■シンプレクトフィルム

分類：腔腸動物四射サンゴ類	
産地：岩手県大船渡市日頃市町鬼丸	
時代：石炭紀	サイズ：径7cm
母岩：石灰岩	クリーニングの難易度：E

◎非常に大きくなる単体サンゴ。上のアクチノシアタスと同じ産地だが、ここの石灰岩は真っ黒で、研磨すると化石が見えなくなってしまう。

■四射サンゴ（不明種）

分類：腔腸動物四射サンゴ類	
産地：岩手県気仙郡住田町犬頭山	
時代：石炭紀	サイズ：長径5.5cm
母岩：石灰岩	クリーニングの難易度：C

◎単体の四射サンゴで大型。犬頭山のサンゴ化石は圧力で変形していることが多い。鉄分のせいで色が付いて美しい。

東北 古生代

■ クウェイチョウフィルム

分類：腔腸動物四射サンゴ類	
産地：岩手県気仙郡住田町犬頭山	
時代：石炭紀	サイズ：径6cm
母岩：石灰岩	クリーニングの難易度：D

◎貴州サンゴと呼ばれる大型の単体サンゴ。

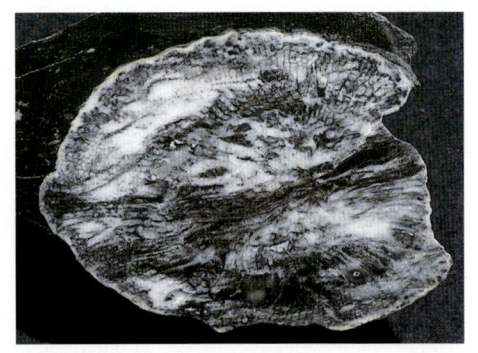

■ 四射サンゴ（不明種）

分類：腔腸動物四射サンゴ類	
産地：岩手県大船渡市日頃市町長岩	
時代：石炭紀	サイズ：長さ21cm
母岩：凝灰質石灰岩	クリーニングの難易度：D

◎大船渡市の国道沿いの崖で採集したもの。非常に長い。現在は法面(のりめん)がコンクリートで覆われていて採集は不可能。

■ クウェイチョウフィルム

分類：腔腸動物四射サンゴ類	
産地：岩手県大船渡市日頃市町鬼丸	
時代：石炭紀	サイズ：短径5cm
母岩：石灰岩	クリーニングの難易度：C

◎研磨横断面。吉田標本。

■二枚貝（不明種）
分類：軟体動物斧足類
産地：岩手県大船渡市日頃市町鬼丸
時代：石炭紀	サイズ：長さ(左右)7.5cm
母岩：珪質粘板岩	クリーニングの難易度：B

◎大型で肋がなく、平滑なタイプ。

■アビキュロペクテン
分類：軟体動物斧足類
産地：岩手県大船渡市日頃市町鬼丸
時代：石炭紀	サイズ：長さ(左右)3.2cm
母岩：珪質泥岩	クリーニングの難易度：C

◎放射状の肋と同心円状の成長線がみられる。

■アビキュロペクテン
分類：軟体動物斧足類
産地：岩手県大船渡市日頃市町鬼丸
時代：石炭紀	サイズ：長さ(左右)4cm
母岩：珪質泥岩	クリーニングの難易度：D

◎完全な保存状態。

■ユーフォンファルス
分類：軟体動物腹足類
産地：岩手県大船渡市日頃市町鬼丸
時代：石炭紀	サイズ：径2.5cm
母岩：珪質泥岩	クリーニングの難易度：D

◎平巻きの巻き貝である。本体は溶け去り、印象となっている。

東北 古生代

東北 古生代

■巻き貝（不明種）
分類：軟体動物腹足類
産地：岩手県大船渡市日頃市町鬼丸
時代：石炭紀　　サイズ：高さ2.5cm
母岩：珪質泥岩　クリーニングの難易度：C
◎オキナエビスのような形をした種。

■アガシセラス
分類：軟体動物頭足類
産地：岩手県大船渡市日頃市町長安寺
時代：石炭紀　　サイズ：径9mm
母岩：珪質頁岩　クリーニングの難易度：C
◎古いタイプのアンモナイト（ゴニアタイト）の住房部分と思われる。

■オウム貝
分類：軟体動物頭足類
産地：岩手県大船渡市日頃市町鬼丸
時代：石炭紀　　サイズ：径10cm
母岩：珪質頁岩　クリーニングの難易度：C
◎大型でへその大きなオウム貝である。増田標本。

■直角石
分類：軟体動物頭足類
産地：岩手県大船渡市日頃市町鬼丸
時代：石炭紀　　サイズ：長さ5cm
母岩：珪質頁岩　クリーニングの難易度：C
◎直線的な縫合線と内部が方解石になっていないことで直角石であることが判断できる。増田標本。

■スピリファー
分類：腕足動物有関節類
産地：岩手県大船渡市日頃市町鬼丸
時代：石炭紀　　　サイズ：幅4.8cm
母岩：珪質頁岩　　クリーニングの難易度：C
◎マクロスピリファーに似る。

■腕足類（不明種）
分類：腕足動物有関節類
産地：岩手県大船渡市日頃市町鬼丸
時代：石炭紀　　　サイズ：幅6.5cm
母岩：珪質頁岩　　クリーニングの難易度：C
◎大型の腕足類。

■ブクストニア
分類：腕足動物有関節類
産地：岩手県大船渡市日頃市町鬼丸
時代：石炭紀　　　サイズ：幅6cm
母岩：珪質頁岩　　クリーニングの難易度：B
◎よく膨らむタイプで、プロダクタスの仲間。

■腕足類（不明種）
分類：腕足動物有関節類
産地：岩手県大船渡市日頃市町鬼丸
時代：石炭紀　　　サイズ：幅4.3cm
母岩：珪質頁岩　　クリーニングの難易度：C
◎大型でひらべったいタイプ。

東北 古生代

■オルビキュロイディア
分類：腕足動物無関節類
産地：岩手県大船渡市日頃市町長安寺
時代：石炭紀　サイズ：径6mm
母岩：珪質頁岩　クリーニングの難易度：C
◎円錐状をした小さな腕足類。

■三葉虫
分類：節足動物三葉虫類
産地：岩手県大船渡市日頃市町鬼丸
時代：石炭紀　サイズ：幅8mm
母岩：砂質頁岩　クリーニングの難易度：C
◎尾部の外形雌型。

■三葉虫（不明種）
分類：節足動物三葉虫類
産地：岩手県大船渡市日頃市町樋口沢
時代：石炭紀
サイズ：長さ1cm
母岩：珪質頁岩
クリーニングの難易度：C
◎小さな個体だが、雌型で完全体。増田標本。

■三葉虫（不明種）
分類：節足動物三葉虫類	
産地：岩手県大船渡市日頃市町長安寺	
時代：石炭紀	サイズ：長さ8mm
母岩：珪質頁岩	クリーニングの難易度：B

◎リンギュアフィリップシアの頭鞍部に似る。

■三葉虫（不明種）
分類：節足動物三葉虫類	
産地：岩手県大船渡市日頃市町長安寺	
時代：石炭紀	サイズ：長さ6mm
母岩：珪質頁岩	クリーニングの難易度：B

◎左遊離頬。

■三葉虫（不明種）
分類：節足動物三葉虫類	
産地：岩手県大船渡市日頃市町長安寺	
時代：石炭紀	サイズ：長さ1cm
母岩：珪質頁岩	クリーニングの難易度：B

◎尾部で外形雌型である。この産地からは完全体がいくつも産出しているが、石が硬くてなかなか採集できない。

大船渡市長安寺の化石産地。非常に硬い石なので採集は困難だ。大きな岩が落ちそうになっていて危険な場所でもある。

東北 古生代

東北 古生代

■ウミユリのキャリックス（不明種）
分類：棘皮動物ウミユリ類
産地：岩手県大船渡市日頃市町上坂本沢
時代：石炭紀　　　　サイズ：径2cm
母岩：珪質頁岩　　　クリーニングの難易度：C
◎本体は溶け去って空洞になっている標本。増田標本。

■トクサ類？（不明種）
分類：羊歯植物トクサ類？
産地：岩手県大船渡市日頃市町鬼丸
時代：石炭紀　　　　サイズ：長さ12cm
母岩：砂質頁岩　　　クリーニングの難易度：D
◎トクサの茎の部分と思われる。

大船渡市日頃市町鬼丸の採石場。ここからたくさんの化石が産出するが、立ち入りはできない。採集はすぐ横の沢で行う。

■松葉石（学名：パラフズリナ・マツバイシ）
分類：原生動物紡錘虫類
産地：宮城県気仙沼市上八瀬
時代：ペルム紀	サイズ：写真の左右8cm
母岩：砂質凝灰岩	クリーニングの難易度：D

◎本体が溶け去った印象である。非常に細長いタイプのフズリナである。

■ミケリニア
分類：腔腸動物床板サンゴ類
産地：宮城県気仙沼市上八瀬
時代：ペルム紀	サイズ：写真の左右14cm
母岩：石灰岩	クリーニングの難易度：E

◎蛇体石と呼ばれる所以がよくわかる。蜂の巣サンゴの仲間である。

■ミケリニア
分類：腔腸動物床板サンゴ類
産地：宮城県気仙沼市上八瀬
時代：ペルム紀	サイズ：写真の左右8cm
母岩：石灰岩	クリーニングの難易度：D

◎破断面では組織の模様がわかりづらいので、酢酸処理をしたもの。

■四射サンゴ（不明種）
分類：腔腸動物四射サンゴ類
産地：宮城県気仙沼市上八瀬
時代：ペルム紀	サイズ：径1.3cm
母岩：砂質凝灰岩	クリーニングの難易度：D

◎本体が溶け去った印象。ポリプのあった部分。

東北 古生代

東北 古生代

■アカントペクテン

分類：軟体動物斧足類	産地：宮城県気仙沼市上八瀬	時代：ペルム紀
サイズ：長さ(左右)3cm	母岩：珪質凝灰岩	クリーニングの難易度：D

◎ホタテガイの仲間

■二枚貝(不明種)

分類：軟体動物斧足類		
産地：宮城県気仙沼市上八瀬		
時代：ペルム紀	サイズ：長さ(左右)2.5cm	
母岩：珪質凝灰岩	クリーニングの難易度：D	

◎上八瀬は二枚貝の化石が多いのが特徴だ。

■直角石(不明種)

分類：軟体動物頭足類		
産地：岩手県陸前高田市飯森		
時代：ペルム紀	サイズ：長さ4.5cm	
母岩：石灰岩	クリーニングの難易度：E	

◎湾曲した隔壁が規則的に並んでいる。

東北 古生代

■ スピリフェリナ

分類：腕足動物有関節類	
産地：宮城県気仙沼市上八瀬	
時代：ペルム紀	サイズ：左右3cm
母岩：凝灰岩	クリーニングの難易度：D

◎スピリファーに似た腕足類の一種。

■ レプトダス

分類：腕足動物有関節類	
産地：宮城県気仙沼市上八瀬	
時代：ペルム紀	サイズ：高さ4cm
母岩：珪質凝灰岩	クリーニングの難易度：C

◎ペルム紀の有名な腕足類の一つ。独特な形の腕骨を持つ。これは内部の印象化石である。

■ シュードフィリップシア

分類：節足動物三葉虫類	産地：岩手県陸前高田市飯森	時代：ペルム紀
サイズ：長さ5cm	母岩：凝灰質頁岩	クリーニングの難易度：D

◎完全体。横からの圧力でペシャンコになっている。写真では雄型の標本に見えるが、外形雌型の標本である。宮北採集。

東北 古生代

■シュードフィリップシア
分類：節足動物三葉虫類
産地：宮城県気仙沼市上八瀬
時代：ペルム紀　サイズ：長さ2cm
母岩：凝灰岩　クリーニングの難易度：D
◎頭部に一節の胸部がくっついた外形雌型標本。

■シュードフィリップシア
分類：節足動物三葉虫類
産地：宮城県気仙沼市上八瀬
時代：ペルム紀　サイズ：長さ1.2cm
母岩：凝灰岩　クリーニングの難易度：D
◎尾部の内形雄型標本。

■シュードフィリップシア
分類：節足動物三葉虫類
産地：宮城県気仙沼市上八瀬
時代：ペルム紀　サイズ：長さ1.5cm
母岩：凝灰岩　クリーニングの難易度：D
◎尾部の内形雄型標本。石の表面に現れていたので中軸部が削られている。

■ウニ（不明種）
分類：棘皮動物ウニ類
産地：宮城県気仙沼市上八瀬
時代：ペルム紀　サイズ：径3mm
母岩：石灰岩　クリーニングの難易度：E
◎棘の化石。フズリナやウミユリに混じって棘がたくさん産出する。

■羊歯植物？（不明種）

分類：羊歯植物？	
産地：宮城県本吉郡本吉町大沢海岸	
時代：三畳紀	サイズ：長さ8cm
母岩：粘板岩	クリーニングの難易度：B

◎羊歯類と思われる。増田標本。

■ベイリチテス

分類：軟体動物頭足類	
産地：宮城県宮城郡利府町	
時代：三畳紀	サイズ：径11.5cm
母岩：硬質泥岩	クリーニングの難易度：C

◎圧力で潰れているのが普通だ。宮北標本。

■トメトセラス

分類：軟体動物頭足類	
産地：宮城県本吉郡志津川町権現浜	
時代：ジュラ紀	サイズ：径4cm
母岩：砂質泥岩	クリーニングの難易度：D

◎殻は溶けて印象となっている。増田標本。

■ホソウレイテス

分類：軟体動物頭足類	
産地：宮城県本吉郡志津川町権現浜	
時代：ジュラ紀	サイズ：径9cm
母岩：砂質泥岩	クリーニングの難易度：D

◎保存状態はあまりよくない。吉田標本。

東北 中生代

東北 中生代

■ギャランチアナ
分類：軟体動物頭足類
産地：宮城県桃生郡北上町追波
時代：ジュラ紀
サイズ：径5cm
母岩：泥板岩
クリーニングの難易度：C
◎縦横に節理の走る岩なので、化石が壊れやすい。

北上町追波の産地。嫌になるくらいに化石の産出は少ない。

■アンモナイト（不明種）
分類：軟体動物頭足類	
産地：宮城県桃生郡北上町追波	
時代：ジュラ紀	サイズ：径3cm
母岩：泥板岩	クリーニングの難易度：C

◎スプーン状のラペットが残っている。

66

■ネオブルメシア

分類：軟体動物斧足類	
産地：福島県相馬郡鹿島町館の沢	
時代：ジュラ紀	サイズ：長さ(左右)8cm
母岩：石灰質泥岩	クリーニングの難易度：C

◎合弁で産出するのが普通。よく膨らむ。

■巻き貝(不明種)

分類：軟体動物腹足類	
産地：福島県相馬郡鹿島町館の沢	
時代：ジュラ紀	サイズ：高さ3.5cm
母岩：石灰質泥岩	クリーニングの難易度：C

◎圧力のためペシャンコになっている。

■ディコトモスフィンクテス

分類：軟体動物頭足類	
産地：福島県相馬郡鹿島町館の沢	
時代：ジュラ紀	サイズ：径6cm
母岩：石灰質泥岩	クリーニングの難易度：C

◎この産地では二枚貝や巻き貝、ウニの化石が多く、アンモナイトの産出は少ない。吉田標本。

■ウニ(不明種)

分類：棘皮動物ウニ類	
産地：福島県相馬郡鹿島町館の沢	
時代：ジュラ紀	サイズ：A-長径2.8cm, B-径1.9cm
母岩：石灰質泥岩	クリーニングの難易度：D

◎小型のウニ類。

東北 中生代

東北 中生代

■オルビトリナ
分類：原生動物有孔虫類
産地：岩手県下閉伊郡田野畑村明戸
時代：白亜紀　　サイズ：径3mm
母岩：砂岩　　　クリーニングの難易度：E
◎ほとんどが有孔虫の殻でできた砂岩だ。

■プテロトリゴニア
分類：軟体動物斧足類
産地：岩手県下閉伊郡田野畑村明戸
時代：白亜紀　　サイズ：長さ6cm
母岩：砂岩　　　クリーニングの難易度：C
◎白亜紀の示準化石。いわゆる三角貝の代表種である。

田野畑村の近くにある野田村玉川海岸のカキ化石産状。時代は白亜紀。

東北 中生代

明戸海岸の転石の中にあったベレムナイトの化石。

■ベレムナイト

分類：軟体動物頭足類	
産地：岩手県下閉伊郡田野畑村明戸	
時代：白亜紀	サイズ：長さ7.3cm
母岩：泥質砂岩	クリーニングの難易度：D

◎軟らかく風化した石だったため、容易に採集することができた。

田野畑村の明戸海岸は白亜紀の地層がきれいに露出しており、観察の適地である。

69

東北　中生代

■リンギュラ

分類：腕足動物無関節類	
産地：岩手県下閉伊郡田野畑村明戸	
時代：白亜紀	サイズ：縦1.4cm
母岩：砂岩	クリーニングの難易度：C

◎この石にはリンギュラが密集している。

■五角ウミユリ（不明種）

分類：棘皮動物ウミユリ類	
産地：岩手県下閉伊郡田野畑村明戸	
時代：白亜紀	サイズ：径5mm
母岩：砂岩	クリーニングの難易度：E

◎白亜紀のウミユリは五角形をしたものがほとんどだ。

■ウニ（不明種）

分類：棘皮動物ウニ類	
産地：岩手県下閉伊郡田野畑村明戸	
時代：白亜紀	サイズ：径2.5cm
母岩：砂岩	クリーニングの難易度：D

◎ベレムナイトといっしょに産出したもの。

■コハク

分類：植物樹脂	
産地：岩手県九戸郡野田村十府ヶ浦	
時代：白亜紀	サイズ：写真の左右5cm
母岩：砂岩・砂質泥岩	クリーニングの難易度：C

◎砂岩や砂質泥岩の中にレンズ状になって産出するが、もろいのが難点。

■アナゴードリセラス
分類：軟体動物頭足類
産地：福島県いわき市大久町桃の木沢
時代：白亜紀
サイズ：径14.5cm
母岩：泥質ノジュール
クリーニングの難易度：C
◎ノジュールの中に一つだけ産出。宮北標本。

■カグラザメ（学名：ヘキサンカス）
分類：脊椎動物軟骨魚類
産地：福島県いわき市大久町谷地
時代：白亜紀　　　サイズ：左右2.3cm
母岩：砂質泥岩　　クリーニングの難易度：C
◎歯冠に咬頭がいくつも並ぶ。宮崎標本。

■ヒボダス
分類：脊椎動物軟骨魚類
産地：福島県いわき市大久町谷地
時代：白亜紀　　　サイズ：高さ0.7cm
母岩：砂質泥岩　　クリーニングの難易度：C
◎古いタイプのサメの歯。宮崎標本。

東北　中生代

東北
中生代

■クレトラムナ
分類：脊椎動物軟骨魚類	
産地：福島県いわき市大久町谷地	
時代：白亜紀	サイズ：高さ1.8cm
母岩：砂質泥岩	クリーニングの難易度：C

◎歯冠に副咬頭を備える。宮崎採集。

■スカパノリンクス
分類：脊椎動物軟骨魚類	
産地：福島県いわき市大久町谷地	
時代：白亜紀	サイズ：高さ2cm
母岩：砂質泥岩	クリーニングの難易度：C

◎ミズワニに似るが、歯冠に縦皺がある。宮崎標本。

アンモナイトセンターでの採集の様子。珍しい化石が出ると没収されるのは残念だ。

いわき市アンモナイトセンターの体験発掘場。

■ナトリホソスジホタテ
（学名：ニッポノペクテン・
アキホエンシス）

分類：軟体動物斧足類
産地：宮城県遠田郡涌谷町
時代：第三紀中新世
サイズ：高さ8cm
母岩：礫岩
クリーニングの難易度：C

◎両殻ともやや膨らみ，細い放射肋がある。

東北 新生代

■ハンザワニシキ（学名：クラミス・コシベンシス・ハンザワエ）

分類：軟体動物斧足類	
産地：宮城県遠田郡涌谷町	
時代：第三紀中新世	サイズ：高さ3.5cm
母岩：礫岩	クリーニングの難易度：D

◎小型で細い放射肋がある。

ナトリホソスジホタテの産状。砂礫岩ではあるが、化石は層理をなす。

東北 新生代

■タテスジホオズキガイ
分類：腕足動物有関節類
産地：宮城県遠田郡涌谷町
時代：第三紀中新世　　サイズ：高さ2.5cm
母岩：砂岩　　　　　　クリーニングの難易度：D
◎内形の印象化石である。

■メジロザメ(学名：カルカリヌス)
分類：脊椎動物軟骨魚類
産地：宮城県遠田郡涌谷町
時代：第三紀中新世　　サイズ：高さ6mm
母岩：砂岩　　　　　　クリーニングの難易度：E
◎採石場の崖下に落ちていたもの。

■アオザメ(学名：イスルス)
分類：脊椎動物軟骨魚類
産地：宮城県遠田郡涌谷町
時代：第三紀中新世　　サイズ：高さ1.5cm
母岩：砂岩　　　　　　クリーニングの難易度：E
◎ホタテガイといっしょに出てきたもの。吉田標本。

涌谷町の産地。山中をさまよって見つけた場所だ。

■カルカロドン・メガロドン
分類：脊椎動物軟骨魚類
産地：宮城県亘理郡亘理町神宮寺
時代：第三紀中新世
サイズ：高さ12cm
母岩：礫岩
クリーニングの難易度：D
◎厚さ数十cmの礫層から産出した。

東北　新生代

■アオザメ（学名：イスルス）
分類：脊椎動物軟骨魚類
産地：宮城県亘理郡亘理町神宮寺
時代：第三紀中新世
サイズ：高さ2.5cm
母岩：礫岩
クリーニングの難易度：E
◎摩耗して歯根はなくなり、歯冠も角が丸くなっている。

神宮寺の産地。今は採石していない。ここからはおそらく何百というカルカロドンが採集されたに違いない。

東北 新生代

■ハマグリの仲間？(不明種)
分類：軟体動物斧足類
産地：福島県いわき市白岩
時代：第三紀漸新世
サイズ：長さ(左右)7.4cm
母岩：泥質ノジュール
クリーニングの難易度：C
◎ノジュールの中にはたいてい化石が入っている。合弁。

■フミガイ(学名：シクロカルディア)
分類：軟体動物斧足類
産地：福島県いわき市白岩
時代：第三紀漸新世
サイズ：長さ(左右)3.7cm
母岩：泥質ノジュール
クリーニングの難易度：C
◎硬いノジュールにしては非常に分離がよい。

■タマガイ(学名：ユースピラ)
分類：軟体動物腹足類
産地：福島県いわき市白岩
時代：第三紀漸新世
サイズ：高さ3cm
母岩：泥質ノジュール
クリーニングの難易度：C
◎やや変形し、殻はほとんど溶けている。

■キリガイダマシ(学名：ツリテラ)
分類：軟体動物腹足類
産地：福島県いわき市白岩
時代：第三紀漸新世
サイズ：高さ5.7cm
母岩：泥質ノジュール
クリーニングの難易度：C
◎第三紀の代表的な巻き貝。

東北 新生代

■ツキガイモドキ（学名：ルシノマ）

分類：軟体動物斧足類	
産地：福島県いわき市下荒川	
時代：第三紀中新世	サイズ：長さ（左右）2.9cm
母岩：砂質泥岩	クリーニングの難易度：D

◎細く尖った成長肋がみられる特徴的な種類。

いわき市白岩の工事現場。第三紀漸新世の地層を貫いて道路が建設されているところだ。ノジュールの中から保存状態のよい貝化石が産出した。

■珪化木

分類：植物樹幹	
産地：宮城県柴田郡村田町村田IC近く	
時代：第四紀更新世	サイズ：写真の左右10cm
母岩：礫層	クリーニングの難易度：B

◎研磨縦断面。珪化の度合いが非常によく、いわゆる"メノウ化"している。

■珪化木

分類：植物樹幹	
産地：宮城県柴田郡村田町村田IC近く	
時代：第四紀更新世	サイズ：写真の長さ9cm
母岩：礫層	クリーニングの難易度：E

◎風化面。表面の窪みには二次的に水晶や金属鉱物が結晶してくっついていることがある。

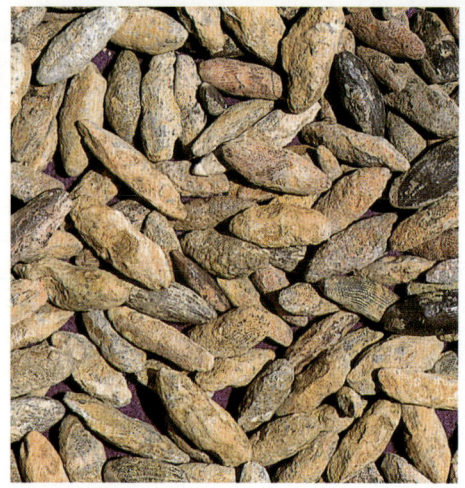

関東

関東 古生代

■パラフズリナ
分類：原生動物紡錘虫類
産地：栃木県安蘇郡葛生町山菅
時代：ペルム紀
サイズ：長さ1.5cm
母岩：石灰質凝灰岩
クリーニングの難易度：E
◎その形から，土地では"米粒石"と呼ばれている。

■ウミユリ(不明種)
分類：棘皮動物ウミユリ類
産地：栃木県安蘇郡葛生町山菅
時代：ペルム紀
サイズ：径9mm
母岩：石灰質凝灰岩
クリーニングの難易度：E
◎この産地では，赤っぽい粘土質の風化した凝灰岩の中から個体で産出する。

■パラフズリナ
分類：原生動物紡錘虫類
産地：栃木県安蘇郡葛生町山菅
時代：ペルム紀
サイズ：長径1.5cm
母岩：石灰質凝灰岩
クリーニングの難易度：B
◎研磨して薄片にしたもの。内部構造がわかる。

関東 中生代

■プテロトリゴニア
分類：軟体動物斧足類	
産地：千葉県銚子市長崎鼻海岸	
時代：白亜紀	サイズ：長さ約3cm
母岩：砂岩	クリーニングの難易度：D

◎白亜紀の示準化石。増田標本。

■アンモナイト（不明種）
分類：軟体動物頭足類	
産地：千葉県銚子市長崎鼻海岸	
時代：白亜紀	サイズ：径4.5cm
母岩：泥質ノジュール	クリーニングの難易度：B

◎サメの歯を採集中に偶然見つけたもの。岩崎標本。

銚子市長崎鼻海岸。時たま、白亜紀層から分離したノジュールが海岸の礫中に見つかる。大潮の日の干潮時刻前後3時間くらいが採集に適している。

関東 新生代

■アサガイオオノガイ(学名:マイヤ)
分類:軟体動物斧足類
産地:茨城県北茨城市平潟町
| 時代:第三紀漸新世 | サイズ:長さ(左右)4.5cm |
| 母岩:泥質砂岩 | クリーニングの難易度:D |

◎合弁で比較的多産する。

■アオザメ(学名:イスルス)
分類:脊椎動物軟骨魚類
産地:茨城県北茨城市中郷町
| 時代:第三紀中新世 | サイズ:高さ2.5cm |
| 母岩:アルコーズ砂岩 | クリーニングの難易度:E |

◎造成地で見つけたもの。母岩の見た目は花崗岩と変わらない。

■ツキガイモドキ(学名:ルシノマ)
分類:軟体動物斧足類
産地:茨城県北茨城市大津町五浦
| 時代:第三紀中新世 | サイズ:長さ(左右)6cm |
| 母岩:砂質泥岩 | クリーニングの難易度:D |

◎この場所では両殻で産出することが多く、中は空洞になり、方解石が沈着しているのが普通だ。

■エビスガイの仲間
分類:軟体動物腹足類
産地:茨城県北茨城市大津町五浦
| 時代:第三紀中新世 | サイズ:高さ1.0cm |
| 母岩:砂質泥岩 | クリーニングの難易度:D |

◎一皮むけた殻の真珠光沢が美しい。吉田採集。

■パラトダス
分類：脊椎動物軟骨魚類
産地：茨城県北茨城市平潟町長浜

時代：第三紀中新世	サイズ：高さ4.5cm
母岩：砂岩	クリーニングの難易度：E

◎歯根が厚くて大きなタイプ。宮崎標本。

■ホオジロザメ（学名：カルカロドン・カルカリアス）
分類：脊椎動物軟骨魚類
産地：茨城県北茨城市大津町五浦

時代：第三紀中新世	サイズ：高さ3.2cm
母岩：砂質泥岩	クリーニングの難易度：E

◎黒光りして大変美しい。吉田標本。

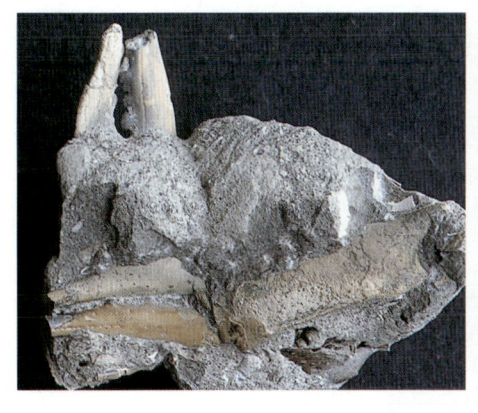

■カニの爪（不明種）
分類：節足動物甲殻類
産地：茨城県北茨城市大津町五浦

時代：第三紀中新世	サイズ：長さ6.5cm
母岩：砂質ノジュール	クリーニングの難易度：C

◎ノジュール中より産出。

北茨城市大津町五浦海岸での採集模様。満潮の時や波が荒い時の採集は危険だ。

関東　新生代

関東

新生代

■植物（不明種）
分類：被子植物双子葉類
産地：群馬県甘楽郡南牧村兜岩
時代：第三紀中新世　　サイズ：長さ6cm
母岩：泥板岩　　　　　クリーニングの難易度：D
◎岩石中に硫黄を含むのか、やけに臭い石だ。堆積当時、近くに火山があったことを想像させてくれる。

■植物（不明種）
分類：被子植物双子葉類
産地：群馬県甘楽郡南牧村兜岩
時代：第三紀中新世　　サイズ：長さ10cm
母岩：泥板岩　　　　　クリーニングの難易度：D
◎植物化石だけではなく、昆虫やカエルなども産出している。

■羊歯？（不明種）
分類：羊歯植物？
産地：群馬県甘楽郡南牧村兜岩
時代：第三紀中新世　　サイズ：長さ6cm
母岩：泥板岩　　　　　クリーニングの難易度：D
◎シノブに似る。

■マツモ
分類：被子植物双子葉類
産地：群馬県甘楽郡南牧村兜岩
時代：第三紀中新世　　サイズ：長さ6cm
母岩：泥板岩　　　　　クリーニングの難易度：D
◎水草の仲間である。

関東

新生代

■腕足類（不明種）
分類：腕足動物有関節類
産地：千葉県銚子市長崎鼻海岸
時代：第三紀鮮新世　　サイズ：高さ3.2cm
母岩：礫岩　　クリーニングの難易度：C
◎細い縦肋が無数にあるタイプ。

■腕足類（不明種）
分類：腕足動物有関節類
産地：千葉県銚子市長崎鼻海岸
時代：第三紀鮮新世　　サイズ：幅4cm
母岩：礫岩　　クリーニングの難易度：C
◎トゲクチバシチョウチンガイに似る。

■腕足類（不明種）
分類：腕足動物有関節類
産地：千葉県銚子市長崎鼻海岸
時代：第三紀鮮新世　　サイズ：高さ3cm
母岩：礫岩　　クリーニングの難易度：C
◎銚子ではもっとも産出の多いタイプ。

■腕足類（不明種）
分類：腕足動物有関節類
産地：千葉県銚子市長崎鼻海岸
時代：第三紀鮮新世　　サイズ：高さ2cm
母岩：礫岩　　クリーニングの難易度：C
◎銚子では前種に次いで産出の多いタイプ。

関東 新生代

■ハリセンボン

分類：脊椎動物硬骨魚類	
産地：千葉県銚子市長崎鼻海岸	
時代：第三紀鮮新世	サイズ：左右2.4cm
母岩：礫岩	クリーニングの難易度：E

◎フグの歯である。左の標本は異常に大きい。左は吉田標本。

■ヘダイの歯

分類：脊椎動物硬骨魚類	
産地：千葉県銚子市長崎鼻海岸	
時代：第三紀鮮新世	サイズ：左右2.3cm
母岩：礫岩	クリーニングの難易度：E

◎丸い臼歯がいくつも集まったもの。

■ムカシオオホオジロザメ（学名：カルカロドン・メガロドン）

分類：脊椎動物軟骨魚類	産地：千葉県銚子市長崎鼻海岸	時代：第三紀鮮新世
サイズ：高さ9cm	母岩：礫岩	クリーニングの難易度：E

◎銚子からは比較的多数の標本が得られるが、歯根を失っているものがほとんどだ。完全体であれば高さは12cmくらいと推察される。左が口の外から見た面。吉田標本。

84

■ホオジロザメ（学名：カルカロドン・カルカリアス）
分類：脊椎動物軟骨魚類
産地：千葉県銚子市長崎鼻海岸

時代：第三紀鮮新世	サイズ：高さ4cm
母岩：礫岩	クリーニングの難易度：E

◎メガロドンと比べると厚みがなく、歯根も小さい。体長数mのサメである。

■アオザメ（学名：イスルス）
分類：脊椎動物軟骨魚類
産地：千葉県銚子市長崎鼻海岸

時代：第三紀鮮新世	サイズ：高さ2.6cm
母岩：礫岩	クリーニングの難易度：E

◎カルカロドンのように歯の横にギザギザ（鋸歯）はない。

■鯨類の耳骨（不明種）
分類：脊椎動物哺乳類
産地：千葉県銚子市長崎鼻海岸

時代：第三紀鮮新世	サイズ：高さ10.6cm
母岩：礫岩	クリーニングの難易度：E

◎鯨類は鼓室骨と岩骨と呼ばれる二つ一組の耳骨を持っている。岩骨はその形から布袋石と呼ばれている。これは鼓室骨。

長崎鼻での採集。このようにフルイを使うと小さなサメの歯なども容易に採集できる。

関東 新生代

関東 新生代

■六射サンゴ（不明種）
分類：腔腸動物六射サンゴ類
産地：千葉県安房郡鋸南町奥元名
| 時代：第三紀鮮新世 | サイズ：高さ2.2cm |
| 母岩：礫岩 | クリーニングの難易度：D |
◎逆円錐状の単体サンゴ。

■センスガイ
分類：腔腸動物六射サンゴ類
産地：千葉県安房郡鋸南町奥元名
| 時代：第三紀鮮新世 | サイズ：高さ3cm |
| 母岩：礫岩 | クリーニングの難易度：D |
◎礫岩中に密集して産出することが多い。

■オオハネガイ（学名：アセスタ）
分類：軟体動物斧足類
産地：千葉県安房郡鋸南町奥元名
| 時代：第三紀鮮新世 | サイズ：高さ11cm |
| 母岩：礫岩 | クリーニングの難易度：C |
◎大型の二枚貝。殻の表面は平滑である。

■モクハチミノガイ
分類：軟体動物斧足類
産地：千葉県安房郡鋸南町奥元名
| 時代：第三紀鮮新世 | サイズ：長さ(左右)5cm |
| 母岩：礫岩 | クリーニングの難易度：C |
◎色の痕跡が残っている。

関東 新生代

■マツモリツキヒ（学名：ミヤギペクテン・マツモリエンシス）

分類：軟体動物斧足類	
産地：千葉県安房郡鋸南町奥元名	
時代：第三紀鮮新世	サイズ：高さ8cm
母岩：礫岩	クリーニングの難易度：D

◎殻表に模様のないツルッとしたホタテガイの一種。

■アオシマオキナエビス（学名：ペトロカス・アオシマイ）

分類：軟体動物腹足類	
産地：千葉県安房郡鋸南町奥元名	
時代：第三紀鮮新世	サイズ：径11cm
母岩：礫岩	クリーニングの難易度：C

◎オキナエビスが普通に産出するのはこの場所しかない。

■アオシマオキナエビス（学名：ペトロカス・アオシマイ）

分類：軟体動物腹足類	
産地：千葉県安房郡鋸南町奥元名	
時代：第三紀鮮新世	サイズ：径9cm
母岩：礫岩	クリーニングの難易度：D

◎この標本には薄く色の痕跡がある。

現生のオキナエビス（高さ7cm、径8cm）。殻口にある長いスリットが特徴。東京湾口、深度120m地点産。化石と現生の産地は何kmと離れていない。何百万年たった今でも同じものが棲息しているのだから、オキナエビスはまさに生きた化石である。

関東 新生代

■エキノランパス
分類：棘皮動物ウニ類
産地：千葉県安房郡鋸南町奥元名
時代：第三紀鮮新世　サイズ：長径6cm
母岩：礫岩　クリーニングの難易度：C
◎この種も当地では産出が多い。

■メジロザメ(学名：カルカリヌス)
分類：脊椎動物軟骨魚類
産地：千葉県安房郡鋸南町奥元名
時代：第三紀鮮新世　サイズ：高さ1.2cm
母岩：礫岩　クリーニングの難易度：D
◎小型のサメ類。鋸歯がある。

■アオザメ(学名：イスルス)
分類：脊椎動物軟骨魚類
産地：千葉県安房郡鋸南町奥元名
時代：第三紀鮮新世　サイズ：高さ3.2cm
母岩：礫岩　クリーニングの難易度：E
◎鋭く尖り，鋸歯はない。

鋸南町鋸山の採石場。砂岩や礫岩から無数の化石が産出する。

■トウキョウホタテ (学名:パチノペクテン・トウキョウエンシス)

分類：軟体動物斧足類	
産地：千葉県香取郡大栄町前林	
時代：第四紀更新世	サイズ：長さ(左右)21cm
母岩：砂	クリーニングの難易度：E

◎絶滅種。普通は長さが十数cmだが、この標本は特に大きい。

■ホオジロザメ

分類：脊椎動物軟骨魚類	
産地：千葉県香取郡大栄町前林	
時代：第四紀更新世	サイズ：高さ4.8cm
母岩：砂	クリーニングの難易度：E

◎ホオジロザメと思われるが、歯根が厚くて異常に大きい。吉田標本。

■センスガイ

分類：腔腸動物六射サンゴ類	産地：千葉県君津市追込小糸川	時代：第四紀更新世
サイズ：高さ4cm, 長径5cm	母岩：砂	クリーニングの難易度：E

◎センスは扇子の意味。扇状の形をした重量感のある単体サンゴ。左はキャリックスを上から見たところ。

関東 新生代

■六射サンゴ(不明種)
分類：腔腸動物六射サンゴ類	
産地：千葉県君津市追込小糸川	
時代：第四紀更新世	サイズ：高さ2cm
母岩：砂	クリーニングの難易度：E

◎逆円錐状の小型サンゴ。

■ツキガイモドキ(学名：ルシノマ)
分類：軟体動物斧足類	
産地：千葉県君津市追込小糸川	
時代：第四紀更新世	サイズ：高さ4cm
母岩：砂	クリーニングの難易度：C

◎尖った成長肋がたくさん並ぶ。

■ヒヨクガイ(学名：クリプトペクテン)
分類：軟体動物斧足類	
産地：千葉県君津市追込小糸川	
時代：第四紀更新世	サイズ：高さ3cm
母岩：砂	クリーニングの難易度：C

◎イタヤガイの仲間。

■ギンエビス
分類：軟体動物腹足類	
産地：千葉県君津市追込小糸川	
時代：第四紀更新世	サイズ：高さ2.6cm
母岩：砂	クリーニングの難易度：C

◎螺肋にイボがたくさん並ぶ。産出場所によって若干の形態変異がある。

関東 新生代

■タカラガイ
分類：軟体動物腹足類	
産地：千葉県君津市追込小糸川	
時代：第四紀更新世	サイズ：高さ3.5cm
母岩：砂	クリーニングの難易度：C

◎昔は貨幣として使われた貝。

■ヒタチオビガイ(学名：フルゴラリア)
分類：軟体動物腹足類	
産地：千葉県君津市追込小糸川	
時代：第四紀更新世	サイズ：高さ6cm
母岩：砂	クリーニングの難易度：C

◎背の高い巻き貝。

■イモガイ
分類：軟体動物腹足類	
産地：千葉県君津市追込小糸川	
時代：第四紀更新世	サイズ：高さ5cm
母岩：砂	クリーニングの難易度：C

◎毒のある棘を持っていることで知られている。

■ホタルガイ
分類：軟体動物腹足類	
産地：千葉県君津市追込小糸川	
時代：第四紀更新世	サイズ：高さ4cm
母岩：砂	クリーニングの難易度：C

◎比較的殻が厚く、この地では多産する。

関東
新生代

■魚の耳石(不明種)

分類:脊椎動物硬骨魚類	
産地:千葉県君津市追込小糸川	
時代:第四紀更新世	サイズ:幅1.3cm
母岩:砂	クリーニングの難易度:E

◎通称, 麦石。

■イルカの耳骨(不明種)

分類:脊椎動物哺乳類	
産地:千葉県君津市追込小糸川	
時代:第四紀更新世	サイズ:長さ3.6cm
母岩:砂	クリーニングの難易度:E

◎鼓室骨。

君津市追込の小糸川での採集風景。化石は豊富だが, 貝類は非常にもろく, 壊れやすい。

関東 新生代

■オニフジツボ

分類：節足動物蔓脚類	産地：千葉県君津市市宿	時代：第四紀更新世
サイズ：高さ4cm, 径5cm	母岩：砂	クリーニングの難易度：E

◎クジラの体にくっついて成長するフジツボ。左は上から見たもの。吉田標本。

■クモヒトデ

分類：棘皮動物クモヒトデ類	
産地：千葉県君津市市宿	
時代：第四紀更新世	サイズ：母岩の左右約20cm
母岩：砂	クリーニングの難易度：C

◎無数のクモヒトデが密集して化石になっている。吉田標本。

■鰭脚類の歯？（不明種）

分類：脊椎動物哺乳類	
産地：千葉県君津市市宿	
時代：第四紀更新世	サイズ：高さ2.2cm
母岩：砂	クリーニングの難易度：E

◎アシカ, オットセイの仲間の歯と思われる。

関東 新生代

■ホオジロザメ（学名：カルカロドン・カルカリアス）

分類：脊椎動物軟骨魚類	産地：千葉県君津市市宿	時代：第四紀更新世
サイズ：高さ5.7cm	母岩：砂	クリーニングの難易度：E

◎非常に大きな標本。歯根もきれいに残っている。吉田標本。

■ゾウの臼歯（不明種）

分類：脊椎動物哺乳類		
産地：千葉県君津市市宿		
時代：第四紀更新世	サイズ：長さ（左右）10cm	
母岩：砂	クリーニングの難易度：E	

◎半分に割れている。パレオマンモス？　宮崎標本。

市宿で見られる砂の層。こういった堆積状態をクロスラミナ（斜交葉理）といい、化石が集まる場所でもある。

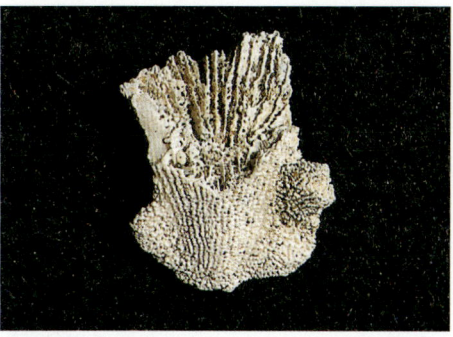

■ヒラツボサンゴ

分類：腔腸動物六射サンゴ類	時代：第四紀更新世
産地：千葉県木更津市真里谷	母岩：砂
サイズ：高さ1.2cm	クリーニングの難易度：E

◎ひらべったいタイプ（ツバササンゴにも似る）。

■フルイサンゴ

分類：腔腸動物六射サンゴ類	時代：第四紀更新世
産地：千葉県木更津市真里谷	母岩：砂
サイズ：径5〜9mm	クリーニングの難易度：E

◎底は平ら。真理谷では砂をフルイにかけて採集する。

■スチョウジガイ

分類：腔腸動物六射サンゴ類	時代：第四紀更新世
産地：千葉県木更津市真里谷	母岩：砂
サイズ：径6mm	クリーニングの難易度：E

◎巻き貝に付着するタイプ。

■タマサンゴ

分類：腔腸動物六射サンゴ類	時代：第四紀更新世
産地：千葉県木更津市真里谷	母岩：砂
サイズ：径5〜9mm	クリーニングの難易度：E

◎底は丸い。

■六射サンゴ（不明種）

分類：腔腸動物六射サンゴ類	時代：第四紀更新世
産地：千葉県木更津市真里谷	母岩：砂
サイズ：径3〜4mm	クリーニングの難易度：E

◎非常に小さなサンゴ。

関東 新生代

関東 新生代

■ ミツカドカタビラガイ

分類：軟体動物斧足類	
産地：千葉県木更津市真里谷	
時代：第四紀更新世	サイズ：長さ(左右)1.5cm
母岩：砂	クリーニングの難易度：E

◎左殻は全くの扁平である。

■ ヒラカメガイ

分類：軟体動物腹足類	
産地：千葉県木更津市真里谷	
時代：第四紀更新世	サイズ：高さ0.7cm
母岩：砂	クリーニングの難易度：E

◎浮遊性の巻き貝。二枚の殻を持つ。

■ マルカメガイ

分類：軟体動物腹足類	
産地：千葉県木更津市真里谷	
時代：第四紀更新世	サイズ：高さ0.9cm
母岩：砂	クリーニングの難易度：E

◎浮遊性の巻き貝。オホーツク海の流氷の妖精と呼ばれるクリオネは近い親戚。

■ ウキヅツガイ

分類：軟体動物腹足類	
産地：千葉県木更津市真里谷	
時代：第四紀更新世	サイズ：高さ1cm
母岩：砂	クリーニングの難易度：E

◎浮遊性の巻き貝。筒状をしている。

■トカシオリイレボラ
分類：軟体動物腹足類
産地：千葉県木更津市真里谷

時代：第四紀更新世	サイズ：高さ6cm
母岩：砂	クリーニングの難易度：E

◎デコボコした殻表をしている。

■リンギュラ
分類：腕足動物無関節類
産地：千葉県木更津市真里谷

時代：第四紀更新世	サイズ：高さ2cm
母岩：砂	クリーニングの難易度：E

◎特定の層に密集して産出する。比較的大型。

■ヒメトゲコブシ
分類：節足動物甲殻類
産地：千葉県木更津市真里谷

時代：第四紀更新世	サイズ：高さ0.8cm
母岩：砂	クリーニングの難易度：E

◎殻表にたくさんの棘を持っている。

■コブシガニの一種
分類：節足動物甲殻類
産地：千葉県木更津市真里谷

時代：第四紀更新世	サイズ：高さ0.8cm
母岩：砂	クリーニングの難易度：E

◎小型のコブシガニ類。

関東　新生代

■魚の耳石（不明種）
分類：脊椎動物硬骨魚類
産地：千葉県木更津市真里谷
時代：第四紀更新世
サイズ：長さ1cm
母岩：砂
クリーニングの難易度：E
◎麦石。比較的小さな魚のものと思われる。

■カスザメ（学名：スコーチナ）
分類：脊椎動物軟骨魚類
産地：千葉県木更津市真里谷
時代：第四紀更新世
サイズ：高さ0.5cm
母岩：砂
クリーニングの難易度：E
◎真里谷ではサメの化石は少ないが、フルイを使って採集すると少なからず産出する。

■メジロザメ（学名：カルカリヌス）
分類：脊椎動物軟骨魚類
産地：千葉県木更津市真里谷
時代：第四紀更新世
サイズ：右の高さ1.1cm
母岩：砂
クリーニングの難易度：E
◎小さなサメ。

■ハスノハカシパンウニ
分類：棘皮動物ウニ類
産地：千葉県木更津市真里谷
時代：第四紀更新世
サイズ：径4.2cm
母岩：砂
クリーニングの難易度：E
◎よく見ると十角形をしている。

■ナミガイ

分類	軟体動物斧足類
産地	千葉県印旛郡印旛村吉高
時代	第四紀更新世
サイズ	長さ(左右)11.5cm
母岩	砂
クリーニングの難易度	D

◎寿司ネタにもなる貝で、通称ミル貝と呼ばれている。完全には閉じず、間から長い水管が出る。

■ミルクイ

分類	軟体動物斧足類
産地	千葉県印旛郡印旛村吉高
時代	第四紀更新世
サイズ	長さ(左右)15cm
母岩	砂
クリーニングの難易度	D

◎本ミルと呼ばれている大型の二枚貝。

■ブラウンイシカゲガイ

分類	軟体動物斧足類
産地	千葉県印旛郡印旛村吉高
時代	第四紀更新世
サイズ	高さ8cm
母岩	砂
クリーニングの難易度	E

◎更新世の絶滅種の一つ。太い放射肋が特徴。吉田標本。

関東 新生代

関東 / 新生代

■トリガイ
分類：軟体動物斧足類
産地：千葉県印旛郡印旛村吉高
時代：第四紀更新世
サイズ：長さ(左右)6cm
母岩：砂
クリーニングの難易度：E
◎寿司ネタでおなじみ。殻は薄い。

■アカガイ
分類：軟体動物斧足類
産地：千葉県印旛郡印旛村吉高
時代：第四紀更新世
サイズ：長さ(左右)9.5cm
母岩：砂
クリーニングの難易度：E
◎これも寿司ネタでおなじみ。

■アカニシ
分類：軟体動物腹足類
産地：千葉県印旛郡印旛村吉高
時代：第四紀更新世
サイズ：高さ9.5cm
母岩：砂
クリーニングの難易度：E
◎大型の巻き貝。

印旛村吉高での採集風景。採集しているのはブラウンイシカゲガイ。

■エゾタマキガイ（学名：グリキメリス）

分類：軟体動物斧足類
産地：千葉県市原市瀬又

時代：第四紀更新世	サイズ：長さ(左右)5.5cm
母岩：砂	クリーニングの難易度：E

◎ごく普通に見られる二枚貝。殻は厚い。

■アズマニシキ（学名：クラミス）

分類：軟体動物斧足類
産地：千葉県市原市瀬又

時代：第四紀更新世	サイズ：高さ7cm
母岩：砂	クリーニングの難易度：E

◎ニシキガイの一種。

■ヤツシロガイ

分類：軟体動物腹足類
産地：千葉県市原市瀬又

時代：第四紀更新世	サイズ：高さ7cm
母岩：砂	クリーニングの難易度：E

◎大型の巻き貝。殻は薄い。

■モスソガイ

分類：軟体動物腹足類
産地：千葉県市原市瀬又

時代：第四紀更新世	サイズ：高さ4.5cm
母岩：砂	クリーニングの難易度：E

◎殻口が大きくて殻の薄い小型巻き貝。

関東 新生代

■ヒレガイ
分類：軟体動物腹足類
産地：千葉県市原市瀬又
時代：第四紀更新世　サイズ：高さ4cm
母岩：砂　クリーニングの難易度：E
◎殻の表面にひだ状の突起が並ぶ。カキを食べる貝。

■ホンヒタチオビガイ（学名：フルゴラリア）
分類：軟体動物腹足類
産地：千葉県市原市瀬又
時代：第四紀更新世　サイズ：高さ11.5cm
母岩：砂　クリーニングの難易度：E
◎大型で縦長の巻き貝。

市原市の通称"瀬又の堰"と呼ばれる化石産地。貝化石が密集する。

■カメホオズキチョウチンガイ
分類:腕足動物有関節類
産地:千葉県市原市瀬又
時代:第四紀更新世　サイズ:高さ3.4cm
母岩:砂　クリーニングの難易度:D
◎大きく膨らむ腕足類。

■タテスジホオズキガイ
分類:腕足動物有関節類
産地:千葉県市原市瀬又
時代:第四紀更新世　サイズ:高さ3cm
母岩:砂　クリーニングの難易度:D
◎縦肋が並ぶ腕足類。

■ヤマトオサガニ
分類:節足動物甲殻類
産地:千葉県千葉市幕張
時代:第四紀完新世
サイズ:幅5cm
母岩:泥質ノジュール
クリーニングの難易度:B
◎名古屋港のものと同じく、埋め立て地で採集。Aは背面、Bは腹面。吉田標本。

中部・北陸

中部・北陸　古生代

■ファボシテス
分類：腔腸動物床板サンゴ類
産地：岐阜県吉城郡上宝村福地
時代：デボン紀
サイズ：左右20cm
母岩：石灰岩
クリーニングの難易度：E
◎風化面。木の根に絡まっていたもの。人の見ないようなところを探すのもいい化石を探す一つのポイントだ。

■ファボシテス
分類：腔腸動物床板サンゴ類
産地：岐阜県吉城郡上宝村福地
時代：デボン紀　サイズ：高さ3cm
母岩：石灰岩　クリーニングの難易度：C
◎研磨面。球状の群体の成長の様子がよくわかる。

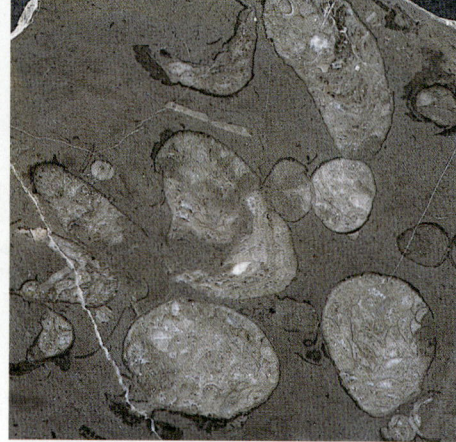

■システィフィロイデス
分類：腔腸動物四射サンゴ類
産地：岐阜県吉城郡上宝村福地
時代：デボン紀　サイズ：個体の径2.2cm
母岩：石灰岩　クリーニングの難易度：C
◎研磨面。内部の構造が泡状になっているので泡沫サンゴと呼ばれている。

■ヘリオリテス
分類：腔腸動物床板サンゴ類
産地：岐阜県吉城郡上宝村福地
時代：デボン紀
サイズ：左右3cm
母岩：石灰岩
クリーニングの難易度：C
◎研磨面縦断面。通称、日石サンゴと呼ぶ。

中部・北陸　古生代

■アトリッパー
分類：腕足動物有関節類
産地：岐阜県吉城郡上宝村福地

時代：デボン紀	サイズ：高さ1.3cm
母岩：石灰岩	クリーニングの難易度：C

◎デボン紀の代表的な腕足類。

■腕足類（不明種）
分類：腕足動物有関節類
産地：岐阜県吉城郡上宝村福地

時代：デボン紀	サイズ：左右1.4cm
母岩：石灰岩	クリーニングの難易度：C

◎腕足類は古生代に大繁栄し、福地でもさまざまな種類が見られる。

中部・北陸 古生代

■コケムシ（不明種）
分類：蘚虫動物
産地：新潟県西頸城郡青海町電化工業
時代：石炭紀　サイズ：縦2cm
母岩：石灰岩　クリーニングの難易度：C
◎網目状をしたコケムシの一種。

■コケムシ（不明種）
分類：蘚虫動物
産地：新潟県西頸城郡青海町電化工業
時代：石炭紀　サイズ：長さ2cm
母岩：石灰岩　クリーニングの難易度：C
◎枝状をしたコケムシの一種。青海のコケムシは多種多様で、しかも比較的大型だ。

■アビキュロペクテン
分類：軟体動物斧足類
産地：新潟県西頸城郡青海町電化工業
時代：石炭紀　サイズ：高さ2.6cm
母岩：石灰岩　クリーニングの難易度：C
◎ホタテガイの一種。吉田標本。

■巻き貝（不明種）
分類：軟体動物腹足類
産地：新潟県西頸城郡青海町電化工業
時代：石炭紀　サイズ：高さ5cm
母岩：石灰岩　クリーニングの難易度：B
◎縦に長い巻き貝で、この地では珍しい。

■ムールロニア
分類：軟体動物腹足類
産地：新潟県西頸城郡青海町電化工業
時代：石炭紀　サイズ：高さ2.5cm
母岩：石灰岩　クリーニングの難易度：B
◎オキナエビスの仲間。増田標本。

■ムールロニア
分類：軟体動物腹足類
産地：新潟県西頸城郡青海町電化工業
時代：石炭紀　サイズ：高さ2.5cm
母岩：石灰岩　クリーニングの難易度：B
◎青海石灰岩からはたくさんの二枚貝、巻き貝が産出する。吉田標本。

■ゴニアタイト（不明種）
分類：軟体動物頭足類
産地：新潟県西頸城郡青海町電化工業
時代：石炭紀　サイズ：径3cm
母岩：石灰岩　クリーニングの難易度：C
◎研磨面。隔壁の様子がよくわかる。

■ゴニアタイト（不明種）
分類：軟体動物頭足類
産地：新潟県西頸城郡青海町電化工業
時代：石炭紀　サイズ：径5.8cm
母岩：石灰岩　クリーニングの難易度：B
◎シュードパラレゴセラス？　青海産のゴニアタイトは縫合線が黒く色付いているのでわかりやすい。

中部・北陸　古生代

中部・北陸 古生代

■ストロボセラス

分類：軟体動物頭足類	
産地：新潟県西頸城郡青海町電化工業	
時代：石炭紀	サイズ：径7cm
母岩：石灰岩	クリーニングの難易度：B

◎緩く巻いたオウム貝の一種でたいへん珍しい。吉田標本。

■スピリファー

分類：腕足動物有関節類	
産地：新潟県西頸城郡青海町電化工業	
時代：石炭紀	サイズ：幅3cm
母岩：石灰岩	クリーニングの難易度：C

◎この産地はスピリファー類が多産する。

■スピリファー

分類：腕足動物有関節類	
産地：新潟県西頸城郡青海町電化工業	
時代：石炭紀	サイズ：左右4cm
母岩：石灰岩	クリーニングの難易度：C

◎スピリファー類にもたくさんの種類があって、その形も微妙に違う。増田標本。

青海町の石灰岩地帯。渓谷沿いに採石場が並ぶ。

中部・北陸 古生代

■マルチニア

分類：腕足動物有関節類	産地：新潟県西頸城郡青海町電化工業	時代：石炭紀
サイズ：高さ4cm	母岩：石灰岩	クリーニングの難易度：C

◎スピリファーに似ているが、縦肋がなく、成長線が顕著。吉田標本。

■ギガントプロダクタス

分類：腕足動物有関節類
産地：新潟県西頸城郡青海町電化工業
時代：石炭紀
サイズ：左右11cm
母岩：石灰岩
クリーニングの難易度：C

◎大型の腕足類で棘を持つタイプ。意外と分離はよい。

中部・北陸 古生代

■カミンゲラ

分類：節足動物三葉虫類	
産地：新潟県西頸城郡青海町電化工業	
時代：石炭紀	サイズ：左右1.2cm
母岩：石灰岩	クリーニングの難易度：C

◎石炭紀の代表的な三葉虫の尾部。

■ブラキメトプス

分類：節足動物三葉虫類	
産地：新潟県西頸城郡青海町電化工業	
時代：石炭紀	サイズ：左右4mm
母岩：石灰岩	クリーニングの難易度：C

◎石炭紀の代表的な三葉虫の頭部。足立標本。

■キャリックス（不明種）

分類：棘皮動物ウミユリ類	産地：新潟県西頸城郡青海町電化工業	時代：石炭紀
サイズ：A-左右2.6cm, B-径2cm	母岩：石灰岩	クリーニングの難易度：C

◎ウミユリの花にあたる部分の下部。この地での産出は多いが、方解石になっているので非常に壊れやすく、クリーニングは慎重を要する。Aは足立標本。

中部・北陸 古生代

■フェルベーキナ
分類：原生動物紡錘虫類	
産地：岐阜県大垣市赤坂町金生山	
時代：ペルム紀	サイズ：径5mm
母岩：石灰岩	クリーニングの難易度：D

◎タマネギのような球状のフズリナ。

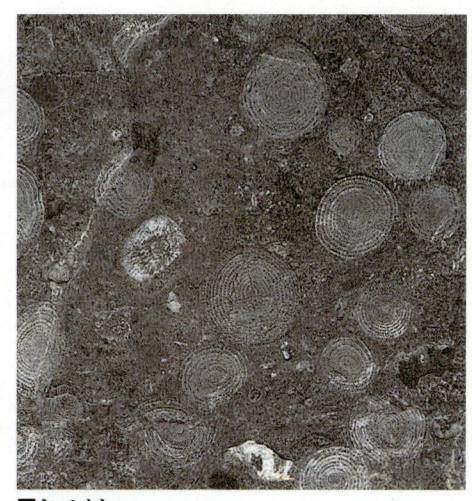

■ヤベイナ
分類：原生動物紡錘虫類	
産地：岐阜県大垣市赤坂町金生山	
時代：ペルム紀	サイズ：径6mm
母岩：石灰岩	クリーニングの難易度：C

◎ラクビーボールのような形をしたフズリナ。巻き数が多い。

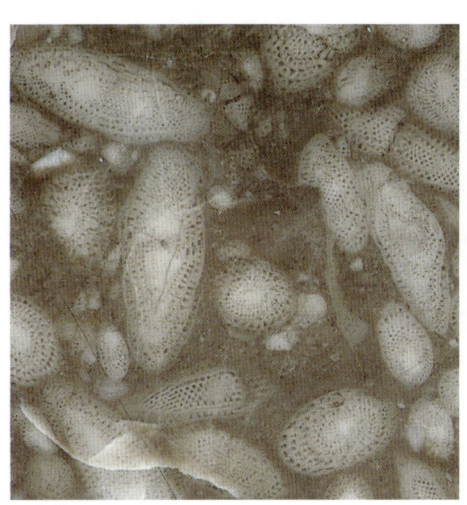

■パラフズリナ
分類：原生動物紡錘虫類	
産地：岐阜県大垣市赤坂町金生山	
時代：ペルム紀	サイズ：大きいものの長径1.2cm
母岩：石灰岩	クリーニングの難易度：C

◎外国産の米のような長細い形をしたフズリナ。

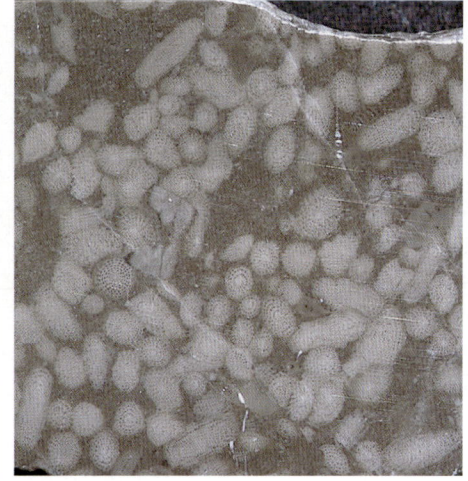

■シュードドリオリナ
分類：原生動物紡錘虫類	
産地：岐阜県大垣市赤坂町金生山	
時代：ペルム紀	サイズ：長径3mm
母岩：石灰岩	クリーニングの難易度：C

◎小型のフズリナ。密に巻いている。

中部・北陸 古生代

■海綿（不明種）
分類：海綿動物
産地：岐阜県大垣市赤坂町金生山
時代：ペルム紀 サイズ：長さ2cm
母岩：石灰岩 クリーニングの難易度：C
◎ペルム紀の地層からは時折産出するが、どれもこのように部屋を継ぎ足したような形をしている。

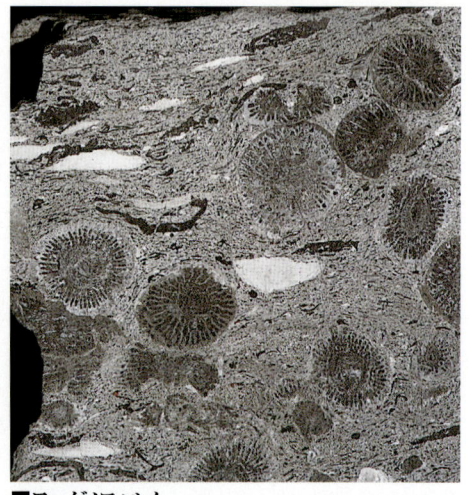

■ワーゲノフィルム
分類：腔腸動物四射サンゴ類
産地：岐阜県大垣市赤坂町金生山
時代：ペルム紀 サイズ：径7mm
母岩：石灰岩 クリーニングの難易度：C
◎研磨して表面を酢酸で処理したところ。

■ワーゲノフィルム
分類：腔腸動物四射サンゴ類
産地：岐阜県大垣市赤坂町金生山
時代：ペルム紀 サイズ：径8mm
母岩：石灰岩 クリーニングの難易度：C
◎研磨面。まわりに見えるのはヤベイナの化石。

■四射サンゴ（不明種）
分類：腔腸動物四射サンゴ類
産地：岐阜県大垣市赤坂町金生山
時代：ペルム紀 サイズ：径7mm
母岩：石灰岩 クリーニングの難易度：D
◎風化面。盃状をしたキャリックスの形がよくわかる。

■二枚貝（不明種）
分類：軟体動物斧足類
産地：岐阜県大垣市赤坂町金生山
時代：ペルム紀　サイズ：長さ2cm
母岩：石灰岩　クリーニングの難易度：D
◎ウグイスガイの仲間か？

■二枚貝（不明種）
分類：軟体動物斧足類
産地：岐阜県大垣市赤坂町金生山
時代：ペルム紀　サイズ：長さ2.3cm
母岩：石灰岩　クリーニングの難易度：D
◎風化して砂状になった石灰岩の表面にあったもの。

A
B 

■ベレロフォン

分類：軟体動物腹足類	産地：岐阜県大垣市赤坂町金生山	時代：ペルム紀
サイズ：A-径9cm, B-径8cm	母岩：石灰岩	クリーニングの難易度：C

◎大きく丸まった平巻きの巻き貝で、金生山ではもっとも有名な化石だ。Bは半分に切断して研磨したもの。

中部・北陸　古生代

中部・北陸 古生代

■ナチコプシス

分類：軟体動物腹足類	
産地：岐阜県大垣市赤坂町金生山	
時代：ペルム紀	サイズ：高さ1cm
母岩：石灰岩	クリーニングの難易度：C

◎幼貝と思われる。たいへん大きくなる種類で、何十cmにもなるものがある。

■巻き貝群集（不明種）

分類：軟体動物腹足類	
産地：岐阜県大垣市赤坂町金生山	
時代：ペルム紀	サイズ：写真の左右10cm
母岩：石灰岩	クリーニングの難易度：D

◎表土を剥いだ石灰岩の表面は風化が進んでおり、貝化石が飛び出ている。

■スピロンファルス

分類：軟体動物腹足類	
産地：岐阜県大垣市赤坂町金生山	
時代：ペルム紀	サイズ：高さ1.8cm
母岩：石灰岩	クリーニングの難易度：E

◎石灰岩の割れ目や赤土の中から、小型の化石が個体で採集できる。

大垣市金生山の石灰岩採掘場。遠くに白く雪を頂いているのは伊吹山。金生山も採石が進んで年々その形を変えている。消滅する日も近いだろう。

■レプトダス
分類：腕足動物有関節類
産地：岐阜県大垣市赤坂町金生山
時代：ペルム紀　　サイズ：高さ4cm
母岩：石灰岩　　クリーニングの難易度：C
◎宮城県気仙沼市の上八瀬が産地として有名だが、ここ金生山からも産出する。

■所属不明
分類：所属不明
産地：岐阜県大垣市赤坂町金生山
時代：ペルム紀　　サイズ：左右6mm
母岩：石灰岩　　クリーニングの難易度：E
◎腕足類の一種だろうか、所属不明である。

■オルビキュロイディア
分類：腕足動物無関節類	産地：岐阜県大垣市赤坂町金生山	時代：ペルム紀
サイズ：径5mm	母岩：石灰岩	クリーニングの難易度：E

◎円板状の腕足類。Bは底面。

中部・北陸 古生代

■ウミユリ(不明種)

分類：棘皮動物ウミユリ類	産地：岐阜県大垣市赤坂町金生山	時代：ペルム紀
サイズ：A-径7cm, B-長さ16cm	母岩：石灰岩	クリーニングの難易度：B

◎最大級の大きさのウミユリ。かつてはこんなのがごろごろしていた。ウミユリは方解石になっているので非常に壊れやすく、大きく採集するのは難しい。

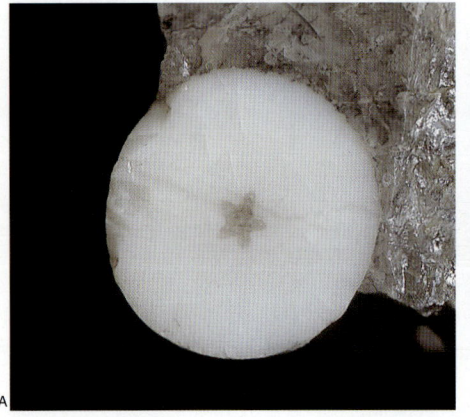

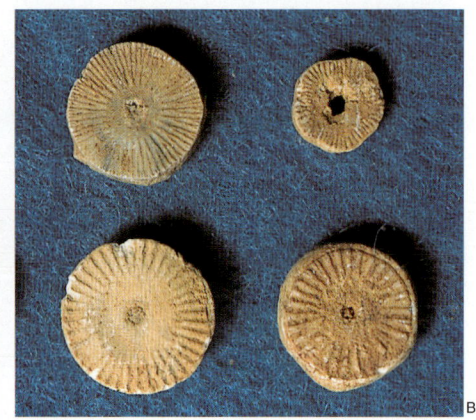

■ウミユリ(不明種)

分類：棘皮動物ウミユリ類	産地：岐阜県大垣市赤坂町金生山	時代：ペルム紀
サイズ：A-径1.4cm, B-径1cm	母岩：石灰岩	クリーニングの難易度：D

◎ウミユリの茎はこういったプレートがいくつも積み重なってできている。なかには外形が五角形、中軸だけが五角形になったものがある。Aは研磨横断面。Bは風化して分離したもので、赤色粘土中から採集。

中部・北陸 古生代

■ウミユリ（不明種）
分類	棘皮動物ウミユリ類	
産地	岐阜県大垣市赤坂町金生山	
時代	ペルム紀	サイズ：長さ4cm
母岩	石灰岩	クリーニングの難易度：D

◎この標本は枝がたくさん出ているもの。

■ミオキダリス
分類	棘皮動物ウニ類	
産地	岐阜県大垣市赤坂町金生山	
時代	ペルム紀	サイズ：長さ3.6cm
母岩	石灰岩	クリーニングの難易度：D

◎ウニの棘である。鬼の金棒のような形をしている。

■ミッチア・ベレビターナ
分類	菌藻植物緑藻類	
産地	岐阜県大垣市赤坂町金生山	
時代	ペルム紀	サイズ：径2mm
母岩	石灰岩	クリーニングの難易度：D

◎石灰分の体を持つ藻類の一種。ビーズを連ねたような形をしている。

■ミッチアの一種？（不明種）
分類	菌藻植物緑藻類	
産地	岐阜県大垣市赤坂町金生山	
時代	ペルム紀	サイズ：径2mm
母岩	石灰岩	クリーニングの難易度：E

◎算盤球を連ねたような形だが、これも藻類と思われる。

中部・北陸 古生代

■海綿（不明種）

分類：海綿動物	
産地：岐阜県吉城郡上宝村福地	
時代：ペルム紀	サイズ：長さ7cm
母岩：石灰岩	クリーニングの難易度：C

◎いくつもの部屋を作っている。

■巻き貝（不明種）

分類：軟体動物腹足類	
産地：岐阜県吉城郡上宝村福地	
時代：ペルム紀	サイズ：径1.3cm
母岩：頁岩	クリーニングの難易度：C

◎平巻きあるいはそれに近い巻き方をする巻き貝の一種。

■直角石（不明種）

分類：軟体動物頭足類	産地：岐阜県吉城郡上宝村福地	時代：ペルム紀
サイズ：長さ3cm	母岩：頁岩	クリーニングの難易度：B

◎ペルム紀の直角石が密集して産出するのは珍しい。Aは外観、Bは研磨縦断面で連室細管が確認できる。

中部・北陸 古生代

■スピリファー
分類：腕足動物有関節類
産地：岐阜県吉城郡上宝村福地
時代：ペルム紀　　サイズ：幅7cm
母岩：石灰質凝灰岩　クリーニングの難易度：C
◎大型の腕足類。

■ウミユリのプレート（不明種）
分類：棘皮動物ウミユリ類
産地：岐阜県吉城郡上宝村福地
時代：ペルム紀　　サイズ：径9mm
母岩：石灰質凝灰岩　クリーニングの難易度：C
◎右上と下2点は楕円形をした接合面が、上面と下面とで90度食い違っている変わったプレート。

■パラフズリナ
分類：原生動物紡錘虫類
産地：岐阜県大野郡丹生川村日面
時代：ペルム紀　　サイズ：長径1.2cm
母岩：珪質凝灰岩　クリーニングの難易度：E
◎珪化したフズリナが母岩から遊離したもの。

■腕足類群集（不明種）
分類：腕足動物有関節類
産地：岐阜県郡上郡八幡町安久田
時代：ペルム紀　　サイズ：左右7cm
母岩：チャート　　クリーニングの難易度：A
◎チャートの表面に現れた腕足類の群集。

119

中部・北陸 中生代

■二枚貝（不明種）
分類：軟体動物斧足類
産地：富山県下新川郡朝日町大平川
時代：ジュラ紀　サイズ：長さ（左右）2cm
母岩：頁岩　クリーニングの難易度：C
◎黄鉄鉱で置換したもの。

■巻き貝（不明種）
分類：軟体動物腹足類
産地：富山県下新川郡朝日町大平川
時代：ジュラ紀　サイズ：高さ1.1cm
母岩：頁岩　クリーニングの難易度：C
◎黄鉄鉱で置換したもの。

■アンモナイト（不明種）
分類：軟体動物頭足類
産地：富山県下新川郡朝日町大平川
時代：ジュラ紀　サイズ：径2.8cm
母岩：頁岩　クリーニングの難易度：C
◎カナバリアか？

■リンギュラ
分類：腕足動物無関節類
産地：富山県下新川郡朝日町大平川
時代：ジュラ紀　サイズ：高さ0.9cm
母岩：頁岩　クリーニングの難易度：C
◎シャミセンガイの仲間。

中部・北陸 中生代

■クラナオスフィンクテス
分類：軟体動物頭足類
産地：福井県大野郡和泉村長野
| 時代：ジュラ紀 | サイズ：径8.5cm |
| 母岩：頁岩 | クリーニングの難易度：C |

◎ペリスフィンクテスの仲間。宮北標本。

■コッファティア
分類：軟体動物頭足類
産地：福井県大野郡和泉村下山
| 時代：ジュラ紀 | サイズ：径7.0cm |
| 母岩：頁岩 | クリーニングの難易度：C |

◎中型のペリスフィンクテスの仲間。宮北標本。

■シュードノイケニセラス
分類：軟体動物頭足類
産地：福井県大野郡和泉村貝皿
時代：ジュラ紀
サイズ：長径12.3cm
母岩：粘板岩
クリーニングの難易度：D

◎この種としては最大級で保存状態も良好。肋上のイボが特徴的だ。

121

中部・北陸 中生代

■アンモナイト（不明種）
分類：軟体動物頭足類	
産地：福井県大野郡和泉村下山	
時代：ジュラ紀	サイズ：径5.5cm
母岩：頁岩	クリーニングの難易度：C

◎フィロセラスの仲間。

■アンモナイト（不明種）
分類：軟体動物頭足類	
産地：福井県大野郡和泉村下山	
時代：ジュラ紀	サイズ：径2.5cm
母岩：頁岩	クリーニングの難易度：C

◎クラノスフィンクテス？

■ベレムナイト
分類：軟体動物頭足類	産地：福井県大野郡和泉村下山	時代：ジュラ紀
サイズ：長さ7.3cm	母岩：頁岩	クリーニングの難易度：C

◎途中から溶けてなくなっているが、復元すればかなり大きい。吉田標本。

■オニキオプシス
分類：羊歯植物
産地：岐阜県郡上郡白鳥町石徹白
時代：ジュラ紀　　サイズ：長さ8cm
母岩：頁岩　　クリーニングの難易度：D
◎ジュラ紀の地層から多産する。

■ポドザミテス
分類：裸子植物
産地：福井県足羽郡美山町小和清水
時代：ジュラ紀　　サイズ：長さ4.6cm
母岩：砂質頁岩　　クリーニングの難易度：D
◎手取層からは多産する。

■二枚貝（不明種）
分類：軟体動物斧足類
産地：岐阜県大野郡荘川村御手洗
時代：ジュラ紀　　サイズ：長さ(左右)3.5cm
母岩：頁岩　　クリーニングの難易度：C
◎荘川村御手洗の採石場跡からはたくさんの二枚貝の化石が産出する。

■アンモナイト（不明種）
分類：軟体動物頭足類
産地：岐阜県大野郡荘川村御手洗
時代：ジュラ紀　　サイズ：径3cm
母岩：頁岩　　クリーニングの難易度：C
◎御手洗の採石場跡から産出したものだが、数も少なく、保存状態も悪い。

中部・北陸　中生代

中部・北陸 新生代

■魚（不明種）

分類：脊椎動物硬骨魚類	産地：新潟県北蒲原郡笹神村魚岩	時代：第三紀中新世
サイズ：体長7cm	母岩：泥板岩	クリーニングの難易度：C

◎魚岩からは大量の魚化石が産出する。魚体は不完全なものが多く、曲がっているのが普通で、周囲には魚鱗が散乱する。いっせいに大量死したものと思われる。宮北採集。

■カミオニシキ（学名：クラミス）

分類：軟体動物斧足類	
産地：長野県下伊那郡阿南町大沢川	
時代：第三紀中新世	サイズ：高さ2.7cm
母岩：泥質砂岩	クリーニングの難易度：D

◎炭質物やサメの歯とともに産出。

■魚の歯？（不明種）

分類：脊椎動物硬骨魚類？	
産地：長野県下伊那郡阿南町大沢川	
時代：第三紀中新世	サイズ：高さ1.2cm
母岩：砂岩	クリーニングの難易度：E

◎同種のものが三重県柳谷からも産出している。

■メジロザメ（学名：カルカリヌス）

分類	脊椎動物軟骨魚類
産地	長野県下伊那郡阿南町大沢川
時代	第三紀中新世
サイズ	高さ1.2cm
母岩	砂岩
クリーニングの難易度	E

◎もっとも産出が多い種類。ここではフルイを使って採集するのが効率的だが、現在は護岸工事が行われて採集不可能になった。

■イタチザメ（学名：ガレオセルドウ）

分類	脊椎動物軟骨魚類
産地	長野県下伊那郡阿南町大沢川
時代	第三紀中新世
サイズ	高さ1.4cm
母岩	砂岩
クリーニングの難易度	E

◎この産地で採集したサメの歯化石のなかではいちばん大きい。

■ヘミプリスティス

分類	脊椎動物軟骨魚類
産地	長野県下伊那郡阿南町大沢川
時代	第三紀中新世
サイズ	高さ1.2cm
母岩	砂岩
クリーニングの難易度	E

◎産出が少なく珍しい種類。

■レモンザメ（学名：ネガプリオン）

分類	脊椎動物軟骨魚類
産地	長野県下伊那郡阿南町大沢川
時代	第三紀中新世
サイズ	高さ0.8cm
母岩	砂岩
クリーニングの難易度	E

◎小型のサメで産出数も多い。

中部・北陸 新生代

■ツノザメ（学名：スコーラス）
分類：脊椎動物軟骨魚類
産地：長野県下伊那郡阿南町大沢川
時代：第三紀中新世
サイズ：高さ0.5cm
母岩：砂岩
クリーニングの難易度：E
◎いちばん小型のサメの歯。

■カスザメ（学名：スコーチナ）
分類：脊椎動物軟骨魚類
産地：長野県下伊那郡阿南町大沢川
時代：第三紀中新世
サイズ：高さ0.8cm
母岩：砂岩
クリーニングの難易度：E
◎歯根が後方に飛び出す形をしている。

■トビエイ
分類：脊椎動物軟骨魚類
産地：長野県下伊那郡阿南町大沢川
時代：第三紀中新世
サイズ：長さ1.2cm
母岩：砂岩
クリーニングの難易度：E
◎他の産地の同種に比べると小さい。洗濯板のような形をした歯である。

■サメ類の脊椎（不明種）
分類：脊椎動物軟骨魚類
産地：長野県下伊那郡阿南町大沢川
時代：第三紀中新世
サイズ：径1cm
母岩：砂岩
クリーニングの難易度：E
◎あまり大きなものは見つかっていない。

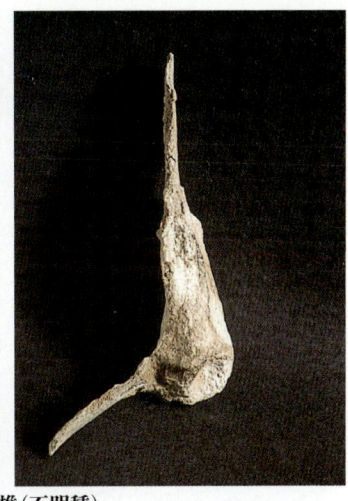

■鯨類の歯？（不明種）

分類：脊椎動物哺乳類	
産地：長野県下伊那郡阿南町大沢川	
時代：第三紀中新世	サイズ：高さ1.6cm
母岩：砂岩	クリーニングの難易度：D

◎小型の鯨類（イルカ）の歯と思われる。

■鯨類の脊椎（不明種）

分類：脊椎動物哺乳類	
産地：長野県下伊那郡阿南町大沢川	
時代：第三紀中新世	サイズ：高さ8cm
母岩：砂岩	クリーニングの難易度：B

◎小型の鯨類のものと思われる。飛行機の尾翼のような形をしている。

■マツカサ（不明種）

分類：裸子植物毬果類	産地：長野県下伊那郡阿南町大沢川	時代：第三紀中新世
サイズ：A-高さ5cm, B-高さ6cm	母岩：砂岩	クリーニングの難易度：C

◎河床の砂岩層から鯨類の脊椎とともに産出。

中部・北陸 新生代

■オオキララガイ(学名：アシラ)
分類：軟体動物斧足類
産地：岐阜県瑞浪市庄内川
時代：第三紀中新世
サイズ：長さ(左右)4.5cm
母岩：砂岩
クリーニングの難易度：D
◎殻の模様に特徴があって美しい。

■ニシキガイ(学名：クラミス)
分類：軟体動物斧足類
産地：岐阜県瑞浪市釜戸町荻の島
時代：第三紀中新世
サイズ：高さ7cm
母岩：砂岩
クリーニングの難易度：C
◎イタヤガイの仲間である。殻の表面にはたくさんの放射肋がある。

■ホタテガイ(学名：パチノペクテン)
分類：軟体動物斧足類
産地：岐阜県瑞浪市釜戸町荻の島
時代：第三紀中新世
サイズ：高さ3.7cm
母岩：砂岩
クリーニングの難易度：C
◎幼貝と思われる。

■オオノガイ(学名:マイヤ)

分類:軟体動物斧足類
産地:岐阜県瑞浪市釜戸町荻の島
時代:第三紀中新世
サイズ:長さ(左右)4cm
母岩:砂岩
クリーニングの難易度:D
◎よくふくらむ。保存状態はよくない。

■マテガイ

分類:軟体動物斧足類
産地:岐阜県瑞浪市土岐町
時代:第三紀中新世
サイズ:長さ(左右)10cm
母岩:砂岩
クリーニングの難易度:C
◎中央自動車道の工事現場で産出したもの。

■イガイ(学名:ミチルス)

分類:軟体動物斧足類
産地:岐阜県瑞浪市釜戸町荻の島
時代:第三紀中新世
サイズ:長さ(左右)7cm
母岩:砂岩
クリーニングの難易度:C
◎ムール貝の仲間。

■タマキガイ(学名:グリキメリス)

分類:軟体動物斧足類
産地:岐阜県瑞浪市釜戸町荻の島
時代:第三紀中新世
サイズ:長さ(左右)2cm
母岩:砂岩
クリーニングの難易度:C
◎この場所のタマキガイはたいへん小さい種類だ。

中部・北陸 新生代

中部・北陸 新生代

■巻き貝の蓋(不明種)
分類:軟体動物腹足類	
産地:岐阜県瑞浪市釜戸町荻の島	
時代:第三紀中新世	サイズ:高さ1.4cm
母岩:砂岩	クリーニングの難易度:C

◎タマガイの蓋と思われる。

■サザエの蓋
分類:軟体動物腹足類	
産地:岐阜県瑞浪市釜戸町荻の島	
時代:第三紀中新世	サイズ:径1.4cm
母岩:砂岩	クリーニングの難易度:C

◎巻き貝の蓋も巻いて成長する。

■ビカリエラ
分類:軟体動物腹足類	
産地:岐阜県瑞浪市桜堂	
時代:第三紀中新世	サイズ:高さ4cm
母岩:砂岩	クリーニングの難易度:B

◎非常に硬い石から産出しており、クリーニングは困難を極める。

■巻き貝(不明種)
分類:軟体動物腹足類	
産地:岐阜県瑞浪市明世町	
時代:第三紀中新世	サイズ:高さ1.7cm
母岩:砂岩	クリーニングの難易度:D

◎通称、月のおさがりと呼ばれていて、これは珪酸が空洞になった殻の中を充填したもの。後に地下水が殻を溶かし、内型の印象化石となった。

中部・北陸 新生代

■カサ貝型の巻き貝（不明種）

分類：軟体動物腹足類	
産地：岐阜県瑞浪市釜戸町荻の島	
時代：第三紀中新世	サイズ：長径4.5cm
母岩：砂岩	クリーニングの難易度：D

◎巻いてはいないが分類上は巻き貝の仲間に入る。

■テンガイの仲間

分類：軟体動物腹足類	
産地：岐阜県瑞浪市釜戸町荻の島	
時代：第三紀中新世	サイズ：長径1.8cm
母岩：砂岩	クリーニングの難易度：D

◎てっぺんに穴が開くカサ貝型の巻き貝。

■カニ（不明種）

分類：節足動物甲殻類	
産地：岐阜県瑞浪市釜戸町荻の島	
時代：第三紀中新世	サイズ：幅2cm
母岩：砂岩	クリーニングの難易度：D

◎カニの甲羅。

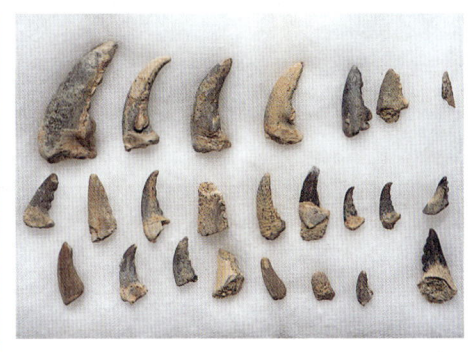

■カニの爪（不明種）

分類：節足動物甲殻類	
産地：岐阜県瑞浪市釜戸町荻の島	
時代：第三紀中新世	サイズ：長さ2cm
母岩：砂岩	クリーニングの難易度：D

◎庄内川の河床からは遊離したハサミが多産する。

中部・北陸 新生代

■フジツボ（不明種）
分類：節足動物蔓脚類
産地：岐阜県瑞浪市釜戸町荻の島
時代：第三紀中新世
サイズ：高さ3.5cm
母岩：砂岩
クリーニングの難易度：D
◎赤い色が残っている。

■魚の歯？（不明種）
分類：脊椎動物硬骨魚類？
産地：岐阜県瑞浪市釜戸町荻の島
時代：第三紀中新世
サイズ：高さ6mm
母岩：砂岩
クリーニングの難易度：D
◎形状から魚の歯と思われる。

■魚の脊椎（不明種）
分類：脊椎動物硬骨魚類
産地：岐阜県瑞浪市釜戸町荻の島
時代：第三紀中新世
サイズ：長さ1.8cm
母岩：砂岩
クリーニングの難易度：D
◎非常に保存状態がよく、筋肉痕まで残っている。

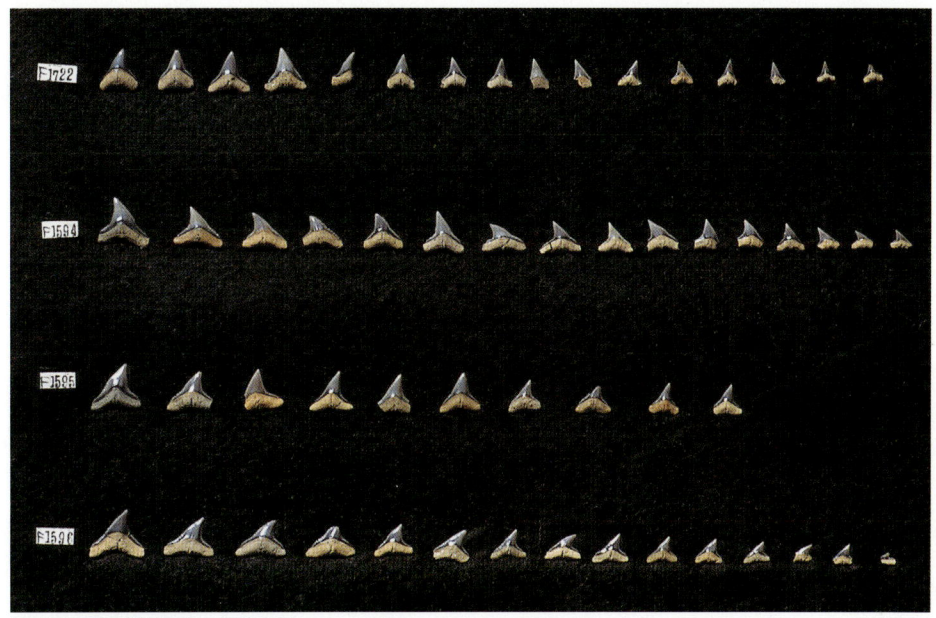

■ メジロザメ (学名：カルカリヌス)

分類：脊椎動物軟骨魚類	産地：岐阜県瑞浪市釜戸町荻の島	時代：第三紀中新世
サイズ：高さ1cm	母岩：砂岩	クリーニングの難易度：D

◎荻の島の庄内川河床からはたくさんのサメの歯が産出した。

■ メジロザメ (学名：カルカリヌス)

分類：脊椎動物軟骨魚類		
産地：岐阜県瑞浪市釜戸町荻の島		
時代：第三紀中新世	サイズ：高さ0.7cm	
母岩：砂岩	クリーニングの難易度：D	

◎もっとも多産した種類。

■ イタチザメ (学名：ガレオセルドウ)

分類：脊椎動物軟骨魚類		
産地：岐阜県瑞浪市釜戸町荻の島		
時代：第三紀中新世	サイズ：高さ0.5cm	
母岩：砂岩	クリーニングの難易度：D	

◎産出数の少ない種類。

中部・北陸 新生代

133

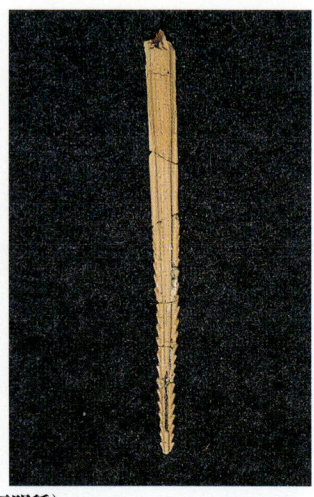

中部・北陸 新生代

■トビエイ
分類：脊椎動物軟骨魚類	
産地：岐阜県瑞浪市釜戸町荻の島	
時代：第三紀中新世	サイズ：左右2cm
母岩：砂岩	クリーニングの難易度：D

◎これらの歯がいくつも集まって板状になっている。

■エイの尾棘（不明種）
分類：脊椎動物軟骨魚類	
産地：岐阜県瑞浪市釜戸町荻の島	
時代：第三紀中新世	サイズ：長さ4cm
母岩：砂岩	クリーニングの難易度：D

◎エイの尻尾についている毒棘だ。

■マツカサ（不明種）
分類：裸子植物毬果類	
産地：岐阜県瑞浪市明世町	
時代：第三紀中新世	サイズ：長さ7cm
母岩：砂質ノジュール	クリーニングの難易度：C

◎ノジュール中に産出したため、非常に保存状態がいい。縦に切断して研磨したもの。

◎瑞浪市内を流れる庄内川の河原。博物館で許可を得て採集することができる。

中部・北陸 新生代

■ツリテラ
分類：軟体動物腹足類
産地：岐阜県土岐市隠居山
時代：第三紀中新世
サイズ：高さ4.5cm
母岩：砂岩
クリーニングの難易度：C
◎初めて採集したツリテラ。和名をキリガイダマシという。

■腕足類（不明種）
分類：腕足動物有関節類
産地：岐阜県土岐市隠居山
時代：第三紀中新世
サイズ：写真の左右4.5cm
母岩：砂岩
クリーニングの難易度：C
◎隠居山はデスモスチルスが発見されたところだ。

■ビカリア
分類：軟体動物腹足類
産地：福井県福井市鮎川町
時代：第三紀中新世
サイズ：高さ6cm
母岩：凝灰岩
クリーニングの難易度：C
◎海岸に分布する凝灰岩の中から産出。保存状態はいまひとつだが、殻が透明な方解石に置換していて面白い。

■カニモリガイ
分類：軟体動物腹足類
産地：福井県福井市鮎川町
時代：第三紀中新世
サイズ：高さ2.3cm
母岩：凝灰岩
クリーニングの難易度：C
◎ビカリアにともなっていろいろな種類の巻き貝や二枚貝が産出する。

135

中部・北陸 新生代

■ソデガイ
分類：軟体動物斧足類
産地：愛知県知多郡南知多町内海
時代：第三紀中新世
サイズ：長さ（左右）4.6cm
母岩：泥岩
クリーニングの難易度：C
◎印象化石。

■腕足類（不明種）
分類：腕足動物有関節類
産地：愛知県知多郡南知多町内海
時代：第三紀中新世
サイズ：高さ2.7cm
母岩：泥岩
クリーニングの難易度：C
◎印象化石。

■カニの爪（不明種）
分類：節足動物甲殻類
産地：愛知県知多郡南知多町小佐
時代：第三紀中新世
サイズ：長さ3.5cm
母岩：泥岩
クリーニングの難易度：C
◎スナモグリのものといわれている。

■ カニの爪（不明種）

分類：節足動物甲殻類	産地：愛知県知多郡南知多町小佐	時代：第三紀中新世
サイズ：A-長さ3.5cm、B-長さ4.5cm	母岩：泥岩	クリーニングの難易度：C

◎Bはノジュール中から産出したもの。小佐の海岸地帯からはたくさんの化石が産出した。

■ 葉（不明種）

分類：被子植物双子葉類		
産地：岐阜県可児市平牧		
時代：第三紀中新世	サイズ：写真の左右30cm	
母岩：泥岩	クリーニングの難易度：C	

◎葉の密集化石。

■ 葉（不明種）

分類：被子植物双子葉類		
産地：岐阜県可児市平牧		
時代：第三紀中新世	サイズ：長さ5.3cm	
母岩：泥岩	クリーニングの難易度：C	

◎可児市周辺ではたくさんの植物化石が産出している。

中部・北陸 新生代

■メタセコイア
分類：裸子植物毬果類
産地：愛知県犬山市膳師野
時代：第三紀中新世　　サイズ：長さ6cm
母岩：泥岩　　　　　　クリーニングの難易度：C
◎犬山市膳師野はメタセコイアの産地として有名だ。

■珪化木
分類：植物樹幹
産地：石川県珠洲市大谷海岸
時代：第三紀中新世　　サイズ：数cm程度
母岩：不明　　　　　　クリーニングの難易度：E
◎海岸の砂浜を歩いていると、このように摩耗された珪化木が転がっている。ただし、珪化の度合いは低く、真っ黒である。

■カイエビ（学名：エステリア）
分類：節足動物甲殻類
産地：石川県珠洲市高屋海岸
時代：第三紀中新世　　サイズ：長さ（左右）3cm
母岩：泥板岩　　　　　クリーニングの難易度：E
◎ミジンコの仲間。

■魚骨（不明種）
分類：脊椎動物硬骨魚類
産地：石川県珠洲市高屋海岸
時代：第三紀中新世　　サイズ：長さ7cm
母岩：泥岩　　　　　　クリーニングの難易度：B
◎珠洲市高屋では植物化石が豊富だが、魚の化石は珍しい。

■ヒノキ
分類：裸子植物毬果類
産地：石川県珠洲市高屋海岸
時代：第三紀中新世　　サイズ：長さ2cm
母岩：泥岩　　　　　　クリーニングの難易度：C
◎ノトショウナンボクと呼ばれている。

■葉（不明種）
分類：被子植物双子葉類
産地：石川県珠洲市高屋海岸
時代：第三紀中新世　　サイズ：長さ8.5cm
母岩：泥岩　　　　　　クリーニングの難易度：C
◎珠洲市の高屋から狼煙にかけては保存のよい植物化石が多産する。

■マツ
分類：裸子植物毬果類
産地：石川県珠洲市高屋海岸
時代：第三紀中新世　　サイズ：長さ7cm
母岩：泥岩　　　　　　クリーニングの難易度：C
◎二枚に分かれたマツの葉。

■コンプトニア
分類：被子植物双子葉類
産地：石川県珠洲市高屋海岸
時代：第三紀中新世　　サイズ：長さ8cm
母岩：泥岩　　　　　　クリーニングの難易度：C
◎ナウマンヤマモモと呼ばれる台島型植物群の代表種。

中部・北陸 新生代

■葉（不明種）
分類：被子植物双子葉類
産地：石川県珠洲市高屋海岸
時代：第三紀中新世
サイズ：左右10cm
母岩：泥岩
クリーニングの難易度：C
◎複数の葉がくっついたままの化石は珍しい。

■葉（不明種）A
分類：被子植物双子葉類
産地：石川県珠洲市高屋海岸
時代：第三紀中新世
サイズ：長さ6.5cm
母岩：泥岩
クリーニングの難易度：C

■葉（不明種）B
分類：被子植物双子葉類
産地：石川県珠洲市高屋海岸
時代：第三紀中新世
サイズ：長さ9cm
母岩：泥岩
クリーニングの難易度：C
◎珠洲の植物化石は保存はいいが、地層がきれいに層理を作らないので、やや不完全な形で産出するきらいがある。

■巻き貝の蓋（不明種）

分類：軟体動物腹足類	
産地：石川県羽咋郡志賀町火打谷	
時代：第三紀中新世	サイズ：長さ1.5cm
母岩：砂岩	クリーニングの難易度：E

◎タマガイの蓋と思われる。

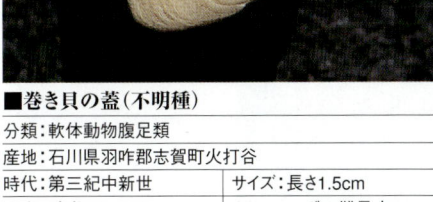

■腕足類（不明種）

分類：腕足動物有関節類	
産地：石川県羽咋郡志賀町火打谷	
時代：第三紀中新世	サイズ：高さ1.5cm
母岩：砂岩	クリーニングの難易度：D

◎新生代の腕足類はこのような形のテレブラチュラ目と呼ばれる仲間が主流だ。

■テレド

分類：軟体動物斧足類	産地：石川県鳳至郡門前町皆月	時代：第三紀中新世
サイズ：巣穴の径3mm	母岩：砂岩	クリーニングの難易度：E

◎小さい標本だが、きれいなフナクイムシである。フナクイムシは材木に穴をあけて生活する二枚貝である。

中部・北陸　新生代

中部・北陸 新生代

■ミズホペクテン・ポクルム
分類：軟体動物斧足類
産地：富山県高岡市頭川
時代：第三紀鮮新世
サイズ：高さ9cm
母岩：砂岩
クリーニングの難易度：D
◎大型のホタテガイ。左殻は平坦。

■スイフトペクテン・スイフティー

分類:軟体動物斧足類	
産地：富山県高岡市頭川	
時代：第三紀鮮新世	サイズ：高さ11cm
母岩：砂岩	クリーニングの難易度：D

◎大型のキンチャクガイの仲間。

■コシバニシキ(学名：クラミス)

分類：軟体動物斧足類	
産地：富山県高岡市頭川	
時代：第三紀鮮新世	サイズ：高さ5cm
母岩：砂岩	クリーニングの難易度：D

中部・北陸 新生代

■腕足類（不明種）
分類：腕足動物有関節類	
産地：富山県高岡市頭川	
時代：第三紀鮮新世	サイズ：高さ2.2cm
母岩：砂岩	クリーニングの難易度：D

■腕足類（不明種）
分類：腕足動物有関節類	
産地：富山県高岡市頭川	
時代：第三紀鮮新世	サイズ：高さ3cm
母岩：砂岩	クリーニングの難易度：D

◎腕足類は大きい方の貝殻にあいた穴から肉茎というものを出して、海底に固定させたり他の動物に寄生していたものと思われる。

■クチバシチョウチンガイ
分類：腕足動物有関節類	
産地：富山県高岡市頭川	
時代：第三紀鮮新世	サイズ：高さ1.8cm
母岩：砂岩	クリーニングの難易度：D

◎殻頂が尖ったタイプ。

■腕足類（不明種）
分類：腕足動物有関節類	
産地：富山県高岡市頭川	
時代：第三紀鮮新世	サイズ：高さ2cm
母岩：砂岩	クリーニングの難易度：D

◎高岡市頭川の採石場跡では小さな腕足類が地表に散乱している。

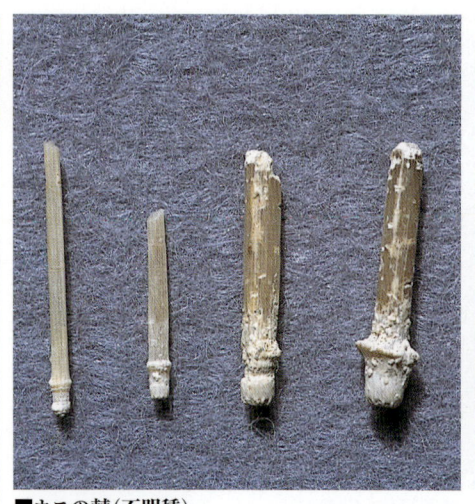

中部・北陸 新生代

■ウニの棘（不明種）
分類：棘皮動物ウニ類	
産地：富山県高岡市頭川	
時代：第三紀鮮新世	サイズ：長さ2cm
母岩：砂岩	クリーニングの難易度：E

◎ガラス質に変化しており、たたくと金属音がする。

高岡市頭川の採石場群。

■ヒラセギンエビス
分類：軟体動物腹足類	
産地：静岡県掛川市	
時代：第三紀鮮新世	サイズ：径1.8cm
母岩：泥岩	クリーニングの難易度：C

◎一皮むけた殻の真珠光沢が非常に美しい。

■オオグソクムシ
分類：節足動物等脚類	
産地：静岡県掛川市	
時代：第三紀鮮新世	サイズ：長さ2.5cm
母岩：泥岩	クリーニングの難易度：C

◎印象化石。泥土に近いので取り扱いに注意を要する。

■コハク
分類	植物樹脂
産地	石川県珠洲市大谷峠
時代	第四紀更新世
サイズ	長さ8cm
母岩	粘土
クリーニングの難易度	E

◎粘土層中から飛び出していたもの。

■ビョウブガイ
分類	軟体動物斧足類
産地	石川県珠洲市平床
時代	第四紀更新世
サイズ	長さ(左右)5cm
母岩	砂泥層
クリーニングの難易度	E

◎能登半島の先端からは第四紀の貝化石が多産する。この貝は殻がプロペラ状にねじれた変わった形をしている。

■イタヤガイ(学名:ペクテン・アルビカンス)
分類	軟体動物斧足類
産地	石川県珠洲市平床
時代	第四紀更新世
サイズ	長さ(左右)6cm
母岩	砂泥層
クリーニングの難易度	E

◎右は右殻で丸くふくらむが、左の左殻は平ら。

■スダレガイ(学名:パピア)
分類	軟体動物斧足類
産地	石川県珠洲市平床
時代	第四紀更新世
サイズ	長さ(左右)7cm
母岩	砂泥層
クリーニングの難易度	E

◎強い成長肋が特徴。

中部・北陸 新生代

中部・北陸 新生代

■シドロガイ
分類：軟体動物腹足類	
産地：石川県珠洲市平床	
時代：第四紀更新世	サイズ：高さ6cm
母岩：砂泥層	クリーニングの難易度：E

■ツノ貝（不明種）
分類：軟体動物掘足類	
産地：石川県珠洲市平床	
時代：第四紀更新世	サイズ：高さ4.5cm
母岩：砂泥層	クリーニングの難易度：E

◎断面は六角形をしている。

■オンマイシカゲガイ
分類：軟体動物斧足類	
産地：石川県金沢市大桑町	
時代：第四紀更新世	サイズ：高さ6cm
母岩：砂泥層	クリーニングの難易度：C

◎犀川の河岸や河床からたくさんの化石が産出する。

■ヨコヤマホタテ（学名：ミズホペクテン・エゾエンシス・ヨコヤマエ）
分類：軟体動物斧足類	
産地：石川県金沢市大桑町	
時代：第四紀更新世	サイズ：高さ3.2cm
母岩：砂泥層	クリーニングの難易度：C

中部・北陸 新生代

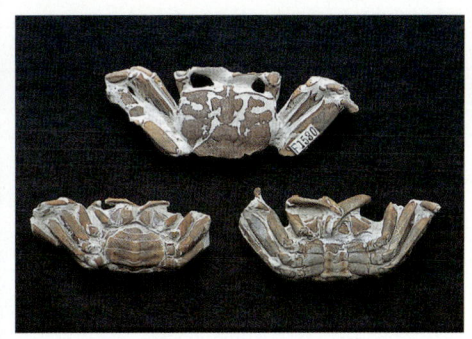

■リンギュラ

分類：腕足動物無関節類	
産地：愛知県知多市古見	
時代：第四紀完新世	サイズ：高さ1.8cm
母岩：砂泥層	クリーニングの難易度：E

■ヤマトオサガニ

分類：節足動物甲殻類	
産地：愛知県知多市古見	
時代：第四紀完新世	サイズ：左右7.5cm
母岩：砂泥層	クリーニングの難易度：E

■ヘリトコブシ

分類：節足動物甲殻類	
産地：愛知県知多市古見	
時代：第四紀完新世	サイズ：長さ(上下)1.7cm
母岩：砂泥層	クリーニングの難易度：E

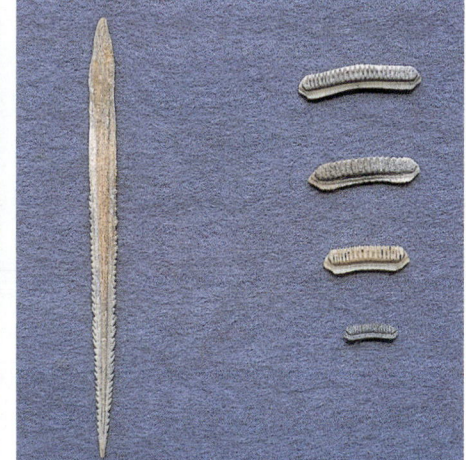

■トビエイ

分類：脊椎動物軟骨魚類	
産地：愛知県知多市古見	
時代：第四紀完新世	サイズ：左の長さ7.7cm
母岩：砂泥層	クリーニングの難易度：E

◎名古屋港の化石：1960年頃に始まった名古屋港の浚渫工事でたくさんの化石が見つかった。といっても今からせいぜい1万年くらい前(完新世)のもので，大変新しいものである。カニなどの化石はノジュール化していることが多いが，仮にノジュール化していなかったら見向きもされなかったかもしれない。ちなみにこのページの化石は1975年に知多市古見にある火力発電所の埋め立て地で採集したものである。

近畿

古生代

■フズリナ(不明種)
分類:原生動物紡錘虫類	
産地:滋賀県坂田郡米原町天野川	
時代:ペルム紀	サイズ:長径8mm
母岩:ドロマイト	クリーニングの難易度:C

◎河原の転石だが、ドロマイト中の黄色い色をしたフズリナが美しい。中学生の時に採集したものだ。

■巻き貝(不明種)
分類:軟体動物腹足類	
産地:滋賀県坂田郡伊吹町伊吹山	
時代:ペルム紀	サイズ:径2cm
母岩:石灰岩	クリーニングの難易度:A

◎伊吹山の斜面にある石灰岩の転石には、化石がたくさん入っている。分離は不可能。

■ウニ(不明種)
分類:棘皮動物ウニ類	
産地:滋賀県坂田郡伊吹町伊吹山	
時代:ペルム紀	サイズ:長さ1.8cm
母岩:石灰岩	クリーニングの難易度:A

◎伊吹山では特にウニの棘が多い。

伊吹山の遠望。伊吹山では1合目、3合目、頂上から化石が採集できる。

■パラシュワゲリナ

分類：原生動物紡錘虫類	産地：滋賀県犬上郡多賀町権現谷	時代：ペルム紀
サイズ：Aの長径1.3cm	母岩：A-石灰岩、B-凝灰岩	クリーニングの難易度：D

◎Aは珪化していて石灰岩から飛び出ている。Bはエチガ谷の凝灰岩層中から産出したもので, 容易に分離する。

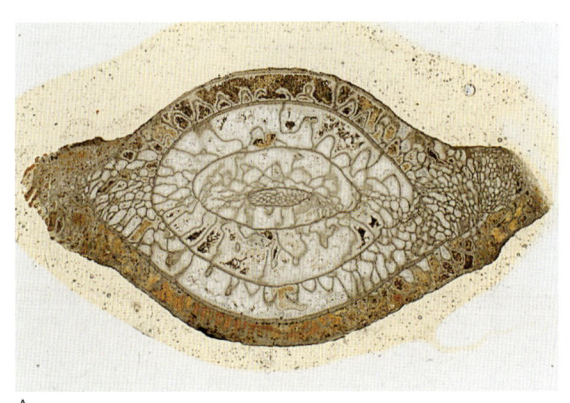

■パラシュワゲリナ

分類：原生動物紡錘虫類	産地：滋賀県犬上郡多賀町エチガ谷	時代：ペルム紀
サイズ：Aの長径1.3cm	母岩：石灰質凝灰岩	クリーニングの難易度：C

◎薄片にしたもの。Aは縦断面, Bは横断面。

■シュワゲリナ

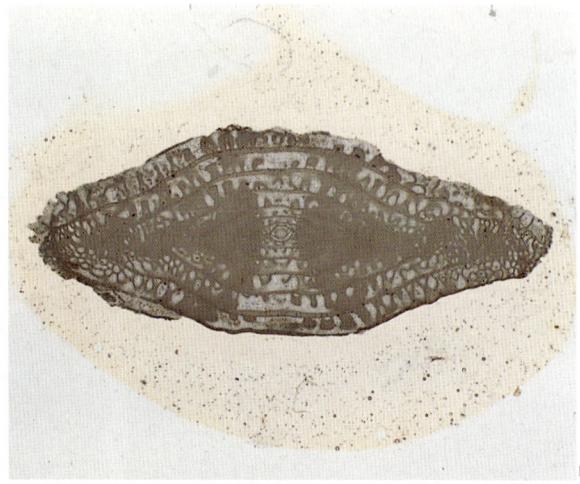

分類：原生動物紡錘虫類	産地：滋賀県犬上郡多賀町エチガ谷	時代：ペルム紀
サイズ：Bの長径9mm	母岩：石灰質凝灰岩	クリーニングの難易度：D, C

◎凝灰岩からは小型のフズリナも産出する。Bは薄片にしたもので縦断面。

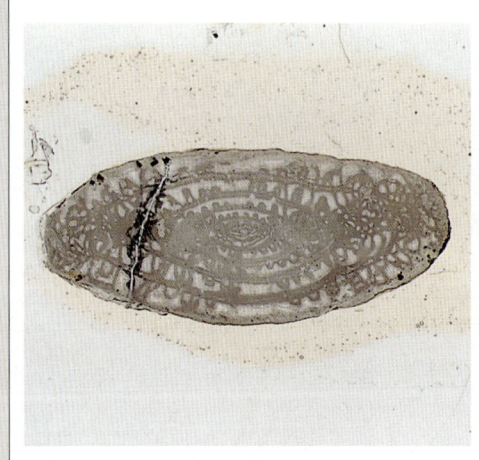

■シュードフズリナ

分類：原生動物紡錘虫類	
産地：滋賀県犬上郡多賀町権現谷	
時代：ペルム紀	サイズ：長径8mm
母岩：石灰質凝灰岩	クリーニングの難易度：C

◎薄片にしたもの。縦断面。

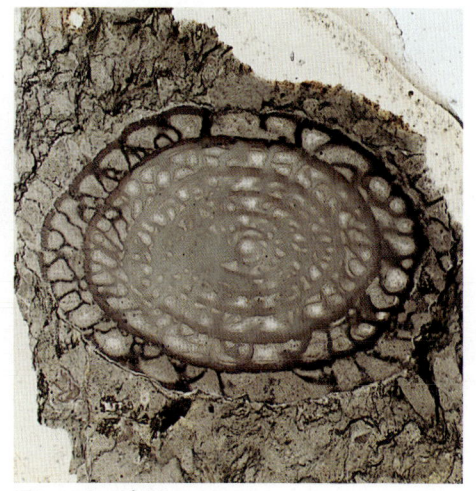

■シュードフズリナ

分類：原生動物紡錘虫類	
産地：滋賀県犬上郡多賀町甲頭倉	
時代：ペルム紀	サイズ：長径6mm
母岩：凝灰質石灰岩	クリーニングの難易度：C

◎薄片にしたもの。横断面。

近畿 古生代

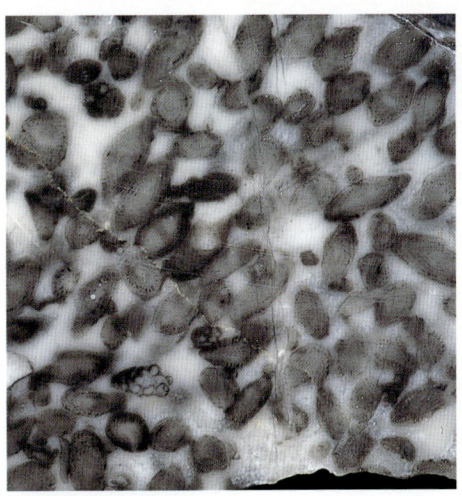

■フズリナ（不明種）
分類：原生動物紡錘虫類	
産地：滋賀県犬上郡多賀町佐目	
時代：ペルム紀	サイズ：長径5mm
母岩：石灰岩	クリーニングの難易度：C

◎多賀町の犬上川水系（佐目近辺）からも化石は産出するが、芹川水系に比べると少ない。

■有孔虫（不明種）
分類：原生動物有孔虫類	
産地：滋賀県犬上郡多賀町エチガ谷	
時代：ペルム紀	サイズ：長さ3mm
母岩：石灰質凝灰岩	クリーニングの難易度：C

◎凝灰岩中からは小型有孔虫も分離する。

■有孔虫（不明種）
分類：原生動物有孔虫類	
産地：滋賀県犬上郡多賀町権現谷	
時代：ペルム紀	サイズ：長さ2mm
母岩：石灰岩	クリーニングの難易度：C

◎石灰岩を溶かして抽出したもの。

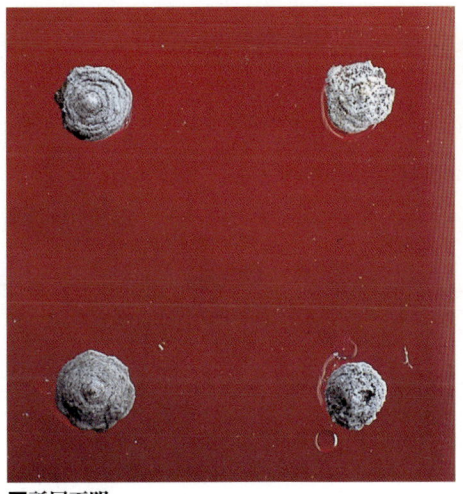

■所属不明
分類：所属不明	
産地：滋賀県犬上郡多賀町権現谷	
時代：ペルム紀	サイズ：長径1.5mm
母岩：石灰岩	クリーニングの難易度：C

◎ウニにも似るし、サンゴの子供にも似るが、有孔虫の一種ではないだろうか。塩酸にて抽出。

近畿 古生代

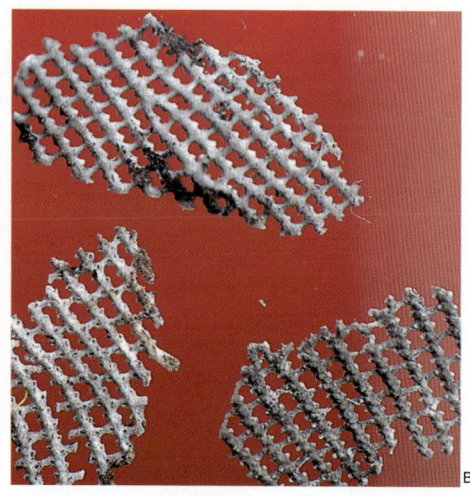

■フェネステラ

分類：蘚虫動物隠口類	産地：滋賀県犬上郡多賀町権現谷	時代：ペルム紀
サイズ：Aの縦9mm	母岩：石灰岩	クリーニングの難易度：C

◎網目状をしたコケムシ。塩酸にて抽出。権現谷ではコケムシの化石が特に多く、形もさまざまだ。

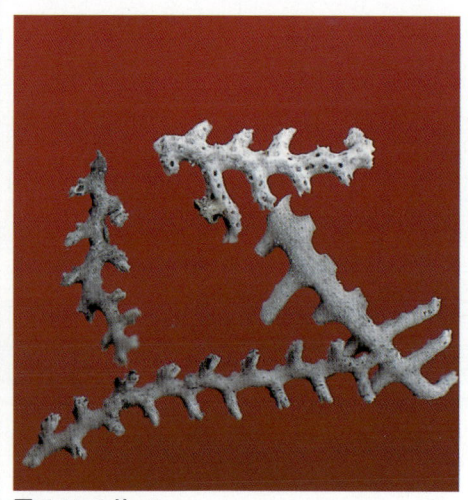

■ペニレテポーラ

分類：蘚虫動物隠口類	
産地：滋賀県犬上郡多賀町権現谷	
時代：ペルム紀	サイズ：長さ10mm
母岩：石灰岩	クリーニングの難易度：C

◎枝状のコケムシ。

■コケムシ（不明種）

分類：蘚虫動物	
産地：滋賀県犬上郡多賀町権現谷	
時代：ペルム紀	サイズ：長さ1.2cm
母岩：石灰岩	クリーニングの難易度：C

◎太い枝状のコケムシ。

近畿 古生代

■コケムシ(不明種)
分類:蘚虫動物	時代:ペルム紀
産地:滋賀県犬上郡多賀町権現谷	母岩:石灰岩
サイズ:長さ1cm	クリーニングの難易度:C

◎パイプ状をしたコケムシ。

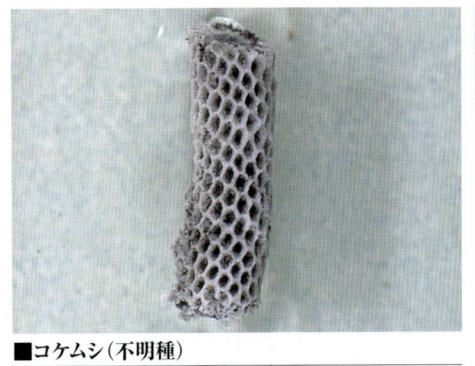

■コケムシ(不明種)
分類:蘚虫動物	時代:ペルム紀
産地:滋賀県犬上郡多賀町権現谷	母岩:石灰岩
サイズ:長さ1cm	クリーニングの難易度:C

◎棒状をしたコケムシ。

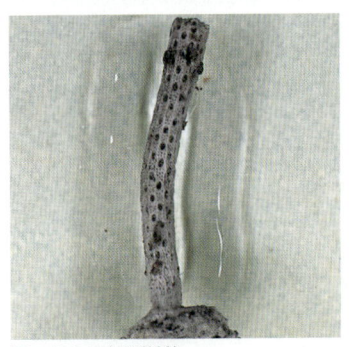

■コケムシ(不明種)
分類:蘚虫動物	時代:ペルム紀
産地:滋賀県犬上郡多賀町権現谷	母岩:石灰岩
サイズ:長さ1.5cm	クリーニングの難易度:C

◎棒状をしたコケムシ。

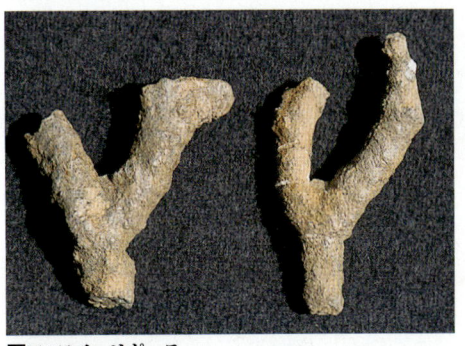

■フィスチュリポーラ
分類:蘚虫動物胞口類	時代:ペルム紀
産地:滋賀県犬上郡多賀町エチガ谷	母岩:石灰質凝灰岩
サイズ:長さ3.5cm	クリーニングの難易度:C

◎筒状をし、やや大きな群体をつくるコケムシ。

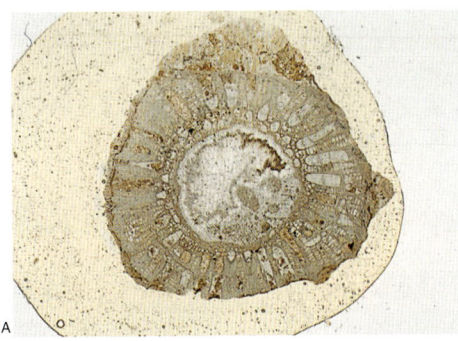

■フィスチュリポーラ
分類:蘚虫動物胞口類	時代:ペルム紀
産地:滋賀県犬上郡多賀町エチガ谷	母岩:石灰質凝灰岩
サイズ:長さ2cm、径6mm	クリーニングの難易度:C

◎薄片にしたもの。Aは横断面、Bは縦断面。

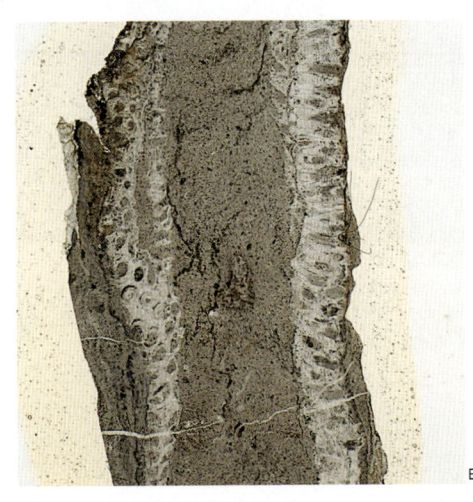

近畿 古生代

■四射サンゴ（不明種）

分類：腔腸動物四射サンゴ類	
産地：滋賀県犬上郡多賀町権現谷	
時代：ペルム紀	サイズ：長径1.5cm
母岩：石灰岩	クリーニングの難易度：E

◎多賀町の権現谷で初めて採集した四射サンゴの化石。この化石がきっかけとなって数々の化石の発見につながった。

■四射サンゴ（不明種）

分類：腔腸動物四射サンゴ類	
産地：滋賀県犬上郡多賀町権現谷	
時代：ペルム紀	サイズ：長径最大1.3cm
母岩：石灰岩	クリーニングの難易度：E

◎単体サンゴが密集した標本。

■四射サンゴ（不明種）

分類：腔腸動物四射サンゴ類	産地：滋賀県犬上郡多賀町権現谷	時代：ペルム紀
サイズ：A-高さ1.5cm, B-高さ2.3cm	母岩：石灰岩	クリーニングの難易度：C

◎権現谷の単体サンゴは多様な外形をしている。

近畿　古生代

クリーニングのポイント2
ケミカルワーク1

塩酸処理の様子。あまり濃いと泡の勢いで化石の組織が壊れるので、薄めのものでゆっくりと溶かす。この処理が有効なのは、石灰岩中の珪化した化石を取り出すものに限られる。日本ではそういった状況は少ないが、多賀町の権現谷に分布する石灰岩には有効で、四射サンゴや三葉虫、蘚虫などといった化石が抽出できる。ここに展示してあるこれらの標本は、このような方法で処理したものである。

■ 四射サンゴ（不明種）

分類	腔腸動物四射サンゴ類	
産地	滋賀県犬上郡多賀町権現谷	
時代	ペルム紀	サイズ：高さ1.9cm
母岩	石灰岩	クリーニングの難易度：C

◎縦に切断して研磨したもの。この標本は珪化していない。

■ 四射サンゴ（不明種）

分類	腔腸動物四射サンゴ類	
産地	滋賀県犬上郡多賀町権現谷	
時代	ペルム紀	サイズ：径8mm
母岩	石灰岩	クリーニングの難易度：C

◎横に切断して塩酸で溶かしたもの。

■ 四射サンゴ（不明種）

分類	腔腸動物四射サンゴ類	
産地	滋賀県犬上郡多賀町権現谷	
時代	ペルム紀	サイズ：径9mm
母岩	石灰岩	クリーニングの難易度：C

◎キャリックスの部分。蓋付きサンゴの蓋のとれたものと思われる。

近畿 古生代

■四射サンゴ（不明種）
分類：腔腸動物四射サンゴ類
産地：滋賀県犬上郡多賀町権現谷
| 時代：ペルム紀 | サイズ：高さ2.4cm |
| 母岩：石灰岩 | クリーニングの難易度：C |

◎四射サンゴは表皮に横皺がたくさんあるため、ルゴーサと呼ばれている。ルゴーサとはラテン語でごつごつしたという意味である。

■四射サンゴ（不明種）
分類：腔腸動物四射サンゴ類
産地：滋賀県犬上郡多賀町権現谷
| 時代：ペルム紀 | サイズ：高さ2cm |
| 母岩：石灰岩 | クリーニングの難易度：C |

◎成長が止まったり進展したりの繰り返しでこのような形になる。これを回春と呼んでいる。

■四射サンゴ（不明種）
分類：腔腸動物四射サンゴ類
産地：滋賀県犬上郡多賀町権現谷
| 時代：ペルム紀 | サイズ：高さ1.8cm、径1cm |
| 母岩：石灰岩 | クリーニングの難易度：C |

◎蓋付きサンゴ。キャリックスには隔壁がみられず、小さな蓋がついている。蓋には小さな穴が開いているが、隔壁は外から見えない。Bは上から見たもの。

■四射サンゴ（不明種）
分類：腔腸動物四射サンゴ類	
産地：滋賀県犬上郡多賀町権現谷	
時代：ペルム紀	サイズ：高さ1.3cm
母岩：石灰岩	クリーニングの難易度：C

◎蓋付きサンゴ。

■四射サンゴ（不明種）
分類：腔腸動物四射サンゴ類	
産地：滋賀県犬上郡多賀町権現谷	
時代：ペルム紀	サイズ：高さ8mm
母岩：石灰岩	クリーニングの難易度：C

◎付着型のサンゴ。岩などに付着して生活していたものと思われる。

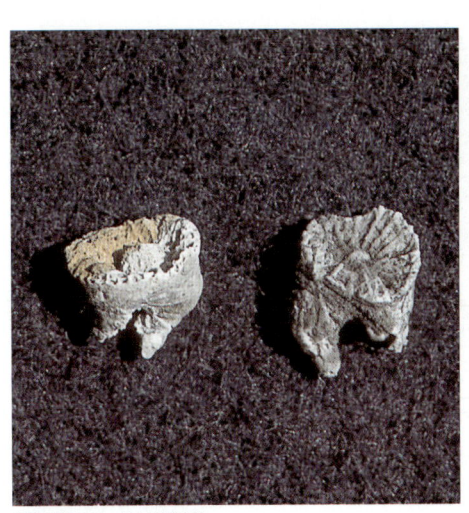

■四射サンゴ（不明種）
分類：腔腸動物四射サンゴ類	
産地：滋賀県犬上郡多賀町権現谷	
時代：ペルム紀	サイズ：高さ5mm, 径5mm
母岩：石灰岩	クリーニングの難易度：C

◎本来の根のほかに、殻皮が垂れ下がってもう一つの根をつくっている。何かをだきかかえるような形で付着していたものと思われる。

■群体四射サンゴ（不明種）
分類：腔腸動物四射サンゴ類	
産地：滋賀県犬上郡多賀町権現谷	
時代：ペルム紀	サイズ：写真の左右10cm
母岩：石灰岩	クリーニングの難易度：D

◎細い管状の群体で、シリンゴポーラの仲間と思われる。

近畿　古生代

近畿 古生代

■ペクテン

分類：軟体動物斧足類	
産地：滋賀県犬上郡多賀町エチガ谷	
時代：ペルム紀	サイズ：長さ(左右)3cm
母岩：石灰質凝灰岩	クリーニングの難易度：C

◎アカントペクテンの仲間と思われる。

■ペクテン

分類：軟体動物斧足類	
産地：滋賀県犬上郡多賀町エチガ谷	
時代：ペルム紀	サイズ：高さ2cm
母岩：石灰質凝灰岩	クリーニングの難易度：C

◎ツキヒガイの仲間と思われる。

■二枚貝(不明種)

分類：軟体動物斧足類	産地：滋賀県犬上郡多賀町権現谷, エチガ谷	時代：ペルム紀
サイズ：A-長さ2cm, B-長さ2.7cm	母岩：A-珪質凝灰岩, B-石灰質凝灰岩	クリーニングの難易度：C

◎大きな耳を持ち、ウグイスガイの仲間と思われる。近江カルストでは全般に二枚貝の産出は少ないが、エチガ谷の特定の地層からは普通に産出する。

■巻き貝（不明種）

分類	軟体動物腹足類	
産地	滋賀県犬上郡多賀町エチガ谷	
時代	ペルム紀	サイズ：高さ3cm
母岩	石灰質凝灰岩	クリーニングの難易度：C

◎縦に細長く、巻き数が多い。

■巻き貝（不明種）

分類	軟体動物腹足類	
産地	滋賀県犬上郡多賀町権現谷	
時代	ペルム紀	サイズ：高さ5cm
母岩	凝灰質石灰岩	クリーニングの難易度：C

◎縦に長い巻き貝で、特定の地層から固まって産出する。

■巻き貝（不明種）

分類	軟体動物腹足類	
産地	滋賀県犬上郡多賀町権現谷	
時代	ペルム紀	サイズ：長径1.1cm
母岩	石灰岩	クリーニングの難易度：E

◎石灰岩の表面に現れた巻き貝の断面。

■巻き貝（不明種）

分類	軟体動物腹足類	
産地	滋賀県犬上郡多賀町権現谷	
時代	ペルム紀	サイズ：長径1.8cm
母岩	凝灰質石灰岩	クリーニングの難易度：C

◎ベレロフォンのような平巻きの巻き貝。

近畿　古生代

■巻き貝（不明種）

分類：軟体動物腹足類	
産地：滋賀県犬上郡多賀町エチガ谷	
時代：ペルム紀	サイズ：高さ1cm
母岩：石灰質凝灰岩	クリーニングの難易度：C

◎オキナエビスのような形をした巻き貝。

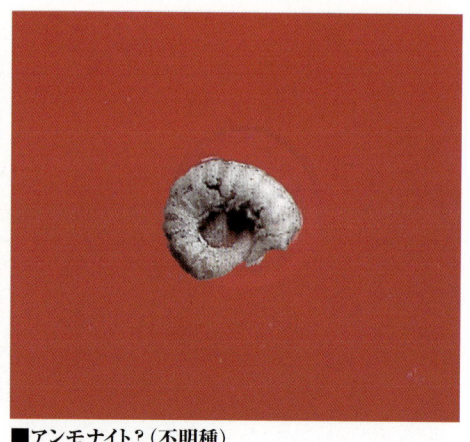

■アンモナイト？（不明種）

分類：軟体動物頭足類？	
産地：滋賀県犬上郡多賀町権現谷	
時代：ペルム紀	サイズ：径2mm
母岩：石灰岩	クリーニングの難易度：C

◎権現谷ではアンモナイトの化石は産出が少ない。

■ツノ貝（不明種）

分類：軟体動物掘足類	産地：滋賀県犬上郡多賀町エチガ谷, 権現谷	時代：ペルム紀
サイズ：A-長さ12cm, B-長さ8cm	母岩：A-石灰質凝灰岩, B-凝灰質石灰岩	クリーニングの難易度：C

◎近江カルストではいちばん大型になる貝化石。大きいものでは15cmを超える。

■スピリファー
分類：腕足動物有関節類
産地：滋賀県犬上郡多賀町権現谷
時代：ペルム紀
サイズ：A-幅7.6cm, B-幅5cm
母岩：石灰岩
クリーニングの難易度：C

◎Aは権現谷で初めて見つかったスピリファー（発見者：村長衆治）。Bはすべて珪化したスピリファー。権現谷では小型の腕足類は珪化しているのがほとんどだが、大型のものでは珍しい。

■スピリファー
分類：腕足動物有関節類
産地：滋賀県犬上郡多賀町エチガ谷
時代：ペルム紀
サイズ：A-幅5.5cm, B-幅4cm
母岩：石灰岩
クリーニングの難易度：C

◎エチガ谷では特定の地層に大型腕足類が多産する。

近畿 古生代

■ スピリファー
分類：腕足動物有関節類
産地：滋賀県犬上郡多賀町エチガ谷
時代：ペルム紀
サイズ：幅7cm
母岩：凝灰質石灰岩
クリーニングの難易度：C
◎こちら側の殻の先端近くに三角形の穴が開き、そこから肉茎が出る。Bは三角孔を見たもの。

A

B

■ スピリファー
分類：腕足動物有関節類
産地：滋賀県犬上郡多賀町権現谷
時代：ペルム紀
サイズ：幅6.5cm
母岩：凝灰質石灰岩
クリーニングの難易度：C
◎両殻そろった標本を研磨すると、螺旋状をした腕骨の断面（B）が現れる。

A

B

近畿 古生代

■エンテレテス

分類：腕足動物有関節類
産地：滋賀県犬上郡多賀町エチガ谷
時代：ペルム紀
サイズ：幅2.3cm
母岩：石灰質凝灰岩
クリーニングの難易度：C

◎近江カルストから産出する腕足類の大多数はこの種類である。Bは三角孔を見たもの、Cは底部のかみ合わせの部分。

A

B

C

■エンテレテス群集

分類：腕足動物有関節類
産地：滋賀県犬上郡多賀町エチガ谷
時代：ペルム紀
サイズ：写真の左右10cm
母岩：石灰質凝灰岩
クリーニングの難易度：C

◎特定の地層からはこのように固まって産出する。

近畿 古生代

■エンテレテス

分類：腕足動物有関節類	産地：滋賀県犬上郡多賀町エチガ谷	時代：ペルム紀
サイズ：幅2cm	母岩：石灰質凝灰岩	クリーニングの難易度：C

◎両殻そろった標本。両殻のかみ合わせがよくわかる。

■エンテレテス

分類：腕足動物有関節類	
産地：滋賀県犬上郡多賀町権現谷	
時代：ペルム紀	サイズ：幅1.3cm
母岩：石灰岩	クリーニングの難易度：C

◎凝灰岩中の化石は変形を受けるが、石灰岩中のものは保存状態がいい。

多賀町の権現谷を俯瞰する。北側の斜面には8つのガレ場があるが、その転石で採集する。

164

近畿 古生代

■プロダクタス

分類：腕足動物有関節類	
産地：滋賀県犬上郡多賀町権現谷	
時代：ペルム紀	サイズ：高さ3cm
母岩：石灰岩	クリーニングの難易度：C

◎殻の中の関節部分。

■プロダクタス

分類：腕足動物有関節類	
産地：滋賀県犬上郡多賀町エチガ谷	
時代：ペルム紀	サイズ：左右3.6cm
母岩：石灰質凝灰岩	クリーニングの難易度：C

◎近江カルスト産ではもっとも大きな標本。右上に1本の棘が写っている。

■プロダクタス

分類：腕足動物有関節類	
産地：滋賀県犬上郡多賀町エチガ谷	
時代：ペルム紀	サイズ：左右2.6cm
母岩：石灰質凝灰岩	クリーニングの難易度：C

◎両殻そろった標本。

■プロダクタス

分類：腕足動物有関節類	
産地：滋賀県犬上郡多賀町エチガ谷	
時代：ペルム紀	サイズ：左右2cm
母岩：石灰質凝灰岩	クリーニングの難易度：C

◎プロダクタスは多くの棘を持った腕足類だ。

■プロダクタス

分類：腕足動物有関節類	産地：滋賀県犬上郡多賀町エチガ谷	時代：ペルム紀
サイズ：A-左右1.3cm, B-左右1.2cm	母岩：石灰質凝灰岩	クリーニングの難易度：C

◎小型のプロダクタス類である。

■プロダクタス

分類：腕足動物有関節類	産地：滋賀県犬上郡多賀町権現谷	時代：ペルム紀
サイズ：A-左右1.1cm, B-左右3.3cm	母岩：石灰岩	クリーニングの難易度：C

◎近江カルストからはさまざまなタイプのプロダクタス類が産出。

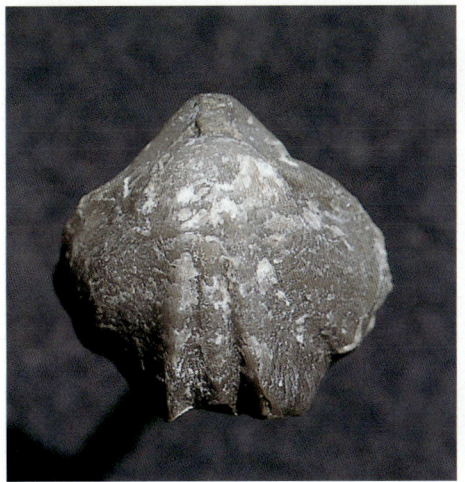

■ リンコネラ

分類：腕足動物有関節類	産地：滋賀県犬上郡多賀町権現谷	時代：ペルム紀
サイズ：高さ1.4cm	母岩：石灰岩	クリーニングの難易度：C

◎縦肋が3本あるもっとも普通に産出するタイプ。

■ リンコネラ

分類：腕足動物有関節類	
産地：滋賀県犬上郡多賀町権現谷	
時代：ペルム紀	サイズ：高さ1.1cm
母岩：石灰岩	クリーニングの難易度：C

◎この種の化石も縦肋の数に変異が多い。薄っぺらいタイプ。

■ リンコネラ

分類：腕足動物有関節類	
産地：滋賀県犬上郡多賀町権現谷	
時代：ペルム紀	サイズ：高さ1cm
母岩：石灰岩	クリーニングの難易度：C

◎縦肋が4本あるタイプ。

近畿 古生代

■リンコネラ

分類：腕足動物有関節類	
産地：滋賀県犬上郡多賀町権現谷	
時代：ペルム紀	サイズ：高さ8mm
母岩：石灰岩	クリーニングの難易度：C

◎薄っぺらいタイプで、縦肋は下方にしかみられない。

■腕足類（不明種）

分類：腕足動物有関節類	
産地：滋賀県犬上郡多賀町権現谷	
時代：ペルム紀	サイズ：高さ1cm
母岩：石灰岩	クリーニングの難易度：C

◎縦長で厚みがあるタイプ。

■腕足類（不明種）

分類：腕足動物有関節類	産地：滋賀県犬上郡多賀町珊瑚山	時代：ペルム紀
サイズ：高さ1cm	母岩：石灰岩	クリーニングの難易度：C

◎縦長でよく膨らみ、非常に特徴的。特定の地層に産出。

■テレブラチュラ

分類：腕足動物有関節類	産地：滋賀県犬上郡多賀町権現谷	時代：ペルム紀
サイズ：高さ1.2cm	母岩：石灰岩	クリーニングの難易度：C

◎ホオズキガイのようなタイプ。

■腕足類（不明種）

分類：腕足動物有関節類	産地：滋賀県犬上郡多賀町権現谷	時代：ペルム紀
サイズ：高さ8mm	母岩：石灰岩	クリーニングの難易度：C

◎縦長のタイプ。

■腕足類(不明種)

分類：腕足動物有関節類	
産地：滋賀県犬上郡多賀町権現谷	
時代：ペルム紀	サイズ：高さ6mm
母岩：石灰岩	クリーニングの難易度：C

◎殻は縦長。

■腕足類(不明種)

分類：腕足動物有関節類	
産地：滋賀県犬上郡多賀町権現谷	
時代：ペルム紀	サイズ：高さ1.2cm
母岩：石灰岩	クリーニングの難易度：C

◎横幅が広いタイプ。

■腕足類(不明種)

分類：腕足動物有関節類	
産地：滋賀県犬上郡多賀町エチガ谷	
時代：ペルム紀	サイズ：高さ5.5mm
母岩：石灰質凝灰岩	クリーニングの難易度：C

◎やや横長のタイプで、両殻とも同じくらいの大きさをしている。

■腕足類(不明種)

分類：腕足動物有関節類	
産地：滋賀県犬上郡多賀町権現谷	
時代：ペルム紀	サイズ：高さ3mm
母岩：石灰岩	クリーニングの難易度：C

◎塩酸で溶かしてみたもの。内部の関節部分がよくわかる。

近畿 古生代

■腕足類（不明種）

分類：腕足動物有関節類	
産地：滋賀県犬上郡多賀町権現谷	
時代：ペルム紀	サイズ：高さ5mm
母岩：石灰岩	クリーニングの難易度：C

◎ひらべったいタイプのものを塩酸で溶かしたもの。

■腕足類（不明種）

分類：腕足動物有関節類	
産地：滋賀県犬上郡多賀町珊瑚山	
時代：ペルム紀	サイズ：左右3cm
母岩：石灰岩	クリーニングの難易度：C

◎ひらべったいタイプのものを塩酸で溶かしたもの。

■腕足類（不明種）

分類：腕足動物有関節類	
産地：滋賀県犬上郡多賀町権現谷	
時代：ペルム紀	サイズ：左右3cm
母岩：珪質凝灰岩	クリーニングの難易度：D

◎ひらべったいタイプのもの。印象化石。

■腕足類（不明種）

分類：腕足動物有関節類	
産地：滋賀県犬上郡多賀町権現谷	
時代：ペルム紀	サイズ：左右4cm
母岩：珪質凝灰岩	クリーニングの難易度：D

◎ひらべったいタイプのもの。筋肉痕も残っている。

近畿 古生代

■腕足類（不明種）
分類：腕足動物有関節類
産地：滋賀県犬上郡多賀町権現谷
時代：ペルム紀　サイズ：左右1cm
母岩：珪質凝灰岩　クリーニングの難易度：D
◎ひらべったいタイプのもの。印象化石。

■腕足類（不明種）
分類：腕足動物有関節類
産地：滋賀県犬上郡多賀町権現谷
時代：ペルム紀　サイズ：左右2cm
母岩：石灰岩　クリーニングの難易度：C
◎やや膨らみのあるものを溶かしているところ。

■ミーケラ
分類：腕足動物有関節類
産地：滋賀県犬上郡多賀町権現谷
時代：ペルム紀　サイズ：左右2cm
母岩：石灰岩　クリーニングの難易度：C
◎三角貝のような形をしている。

■腕足類（不明種）
分類：腕足動物有関節類
産地：滋賀県犬上郡多賀町権現谷
時代：ペルム紀　サイズ：高さ2mm
母岩：石灰岩　クリーニングの難易度：C
◎三葉虫の含まれる石灰岩だけに産出する特殊な腕足類。

■三葉虫（不明種）

分類	節足動物三葉虫類
産地	滋賀県犬上郡多賀町権現谷
時代	ペルム紀
サイズ	頭部から尾部まで復元した時の長さ2cm
母岩	石灰岩
クリーニングの難易度	B

◎三葉虫の各部位を塩酸で抽出し、ピンの上に張りつけて並べたもの。日本離れした産出状況だ。

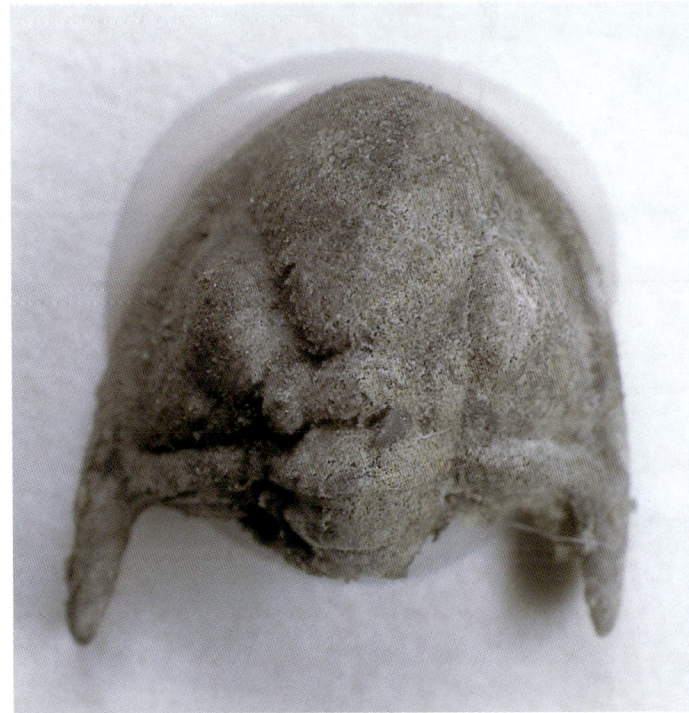

近畿　古生代

■三葉虫（不明種）

分類	節足動物三葉虫類
産地	滋賀県犬上郡多賀町権現谷
時代	ペルム紀
サイズ	左右7mm
母岩	石灰岩
クリーニングの難易度	B

◎頭部。もっともそろっている標本で、胸部も2節ついている。権現谷では三葉虫の化石が多産するが、脱皮殻ばかりで完全体は望めない。

■三葉虫(不明種)

分類:節足動物三葉虫類	産地:滋賀県犬上郡多賀町権現谷	時代:ペルム紀
サイズ:A-長さ8mm、B-長さ6mm	母岩:石灰岩	クリーニングの難易度:B

◎頭鞍部は複雑な形をしており、非常に壊れやすい。

■三葉虫(不明種)

分類:節足動物三葉虫類	産地:滋賀県犬上郡多賀町権現谷	時代:ペルム紀
サイズ:A-長さ5mm、B-長さ7mm	母岩:石灰岩	クリーニングの難易度:B

◎遊離頬は1個体に2つあるので産出は多い。

近畿 古生代

■三葉虫（不明種）

分類：節足動物三葉虫類	産地：滋賀県犬上郡多賀町権現谷	時代：ペルム紀
サイズ：長さ2mm	母岩：石灰岩	クリーニングの難易度：B

◎上唇と呼ばれている器官。表面には同心円状の細い筋がたくさん走っている。

■三葉虫（不明種）

分類：節足動物三葉虫類	産地：滋賀県犬上郡多賀町権現谷	時代：ペルム紀
サイズ：長さ4mm	母岩：石灰岩	クリーニングの難易度：B

◎胸部は細いので壊れやすく、抽出は難しい。

近畿 古生代

■三葉虫（不明種）
分類：節足動物三葉虫類
産地：滋賀県犬上郡多賀町権現谷
時代：ペルム紀
サイズ：長さ8mm
母岩：石灰岩
クリーニングの難易度：B
◎もっとも大きな尾部で、ガレ場の石をひっくり返したらくっついていた。尾部の周囲は、殻がパイプ状に折れ曲がって取り囲み、本体を頑丈にしているようだ。

■三葉虫（不明種）
分類：節足動物三葉虫類
産地：滋賀県犬上郡多賀町権現谷

時代：ペルム紀	サイズ：長さ4mm
母岩：石灰岩	クリーニングの難易度：B

◎塩酸で溶かしていると黒色石灰岩の中から真っ白い三葉虫が現れた。

多賀町権現谷の地層。それぞれの縦層は、サンゴ、腕足類、三葉虫の層と分かれている。

近畿 古生代

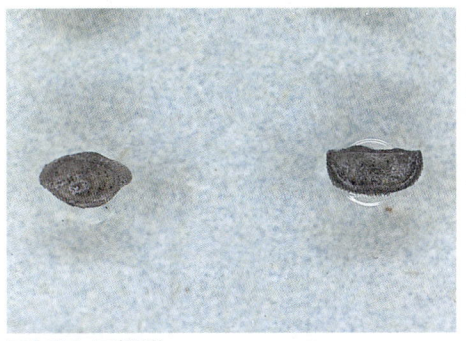

■介形虫(不明種)

分類：節足動物甲殻類		時代：ペルム紀
産地：滋賀県犬上郡多賀町権現谷		母岩：石灰岩
サイズ：長さ(左右)1.5mm		クリーニングの難易度：B

◎石灰岩を溶かしているといちばん目にするのがこの介形虫である。

■ウミユリ(不明種)

分類：棘皮動物ウミユリ類		時代：ペルム紀
産地：滋賀県犬上郡多賀町エチガ谷		母岩：石灰質凝灰岩
サイズ：径7mm		クリーニングの難易度：D

◎茎を構成するプレートの一部。

■ウミユリ(不明種)

分類：棘皮動物ウミユリ類	産地：滋賀県犬上郡多賀町エチガ谷	時代：ペルム紀
サイズ：径8mm	母岩：石灰質凝灰岩	クリーニングの難易度：D

◎凝灰岩中より産出したキャリックスの基部。

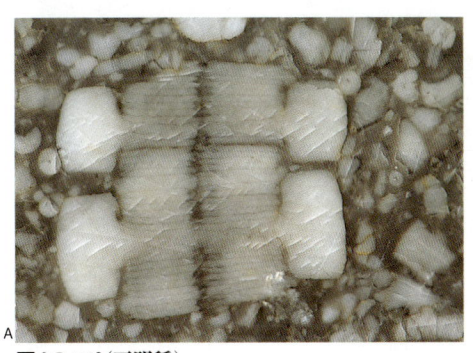

■ウミユリ(不明種)

分類：棘皮動物ウミユリ類	産地：滋賀県犬上郡多賀町権現谷	時代：ペルム紀
サイズ：径1.5cm	母岩：石灰岩	クリーニングの難易度：C

◎ウミユリ石灰岩を研磨するといろいろな模様が現れる。Aは茎の縦断面で、これにもいろいろなタイプがある。Bは横断面。

近畿 古生代

■ウニの棘(不明種)

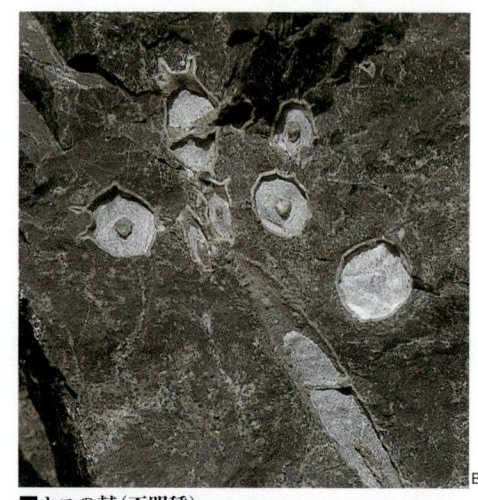

分類：棘皮動物ウニ類	
産地：滋賀県犬上郡多賀町権現谷	
時代：ペルム紀	サイズ：A-長さ4cm, B-径5mm
母岩：黒色チャート	クリーニングの難易度：B

◎チャート中のものは分離しないので、石灰質の本体を塩酸で溶かし去り、中に接着剤を流しこんで複製したもの。Bはチャート中に入っている棘の状態。

■ウニの棘(不明種)

分類：棘皮動物ウニ類	
産地：滋賀県犬上郡多賀町エチガ谷	
時代：ペルム紀	サイズ：A-長さ3.7cm
母岩：石灰質凝灰岩	クリーニングの難易度：C

◎凝灰岩中からはたくさんの棘の破片が産出する。

■トサペクテン
分類：軟体動物斧足類
産地：福井県大飯郡高浜町難波江
時代：三畳紀
サイズ：高さ10cm
母岩：砂質頁岩
クリーニングの難易度：B
◎三畳紀のホタテガイで示準化石になっている。塩酸にて処理したもので、外形雌型。

高浜町難波江の産地。化石はそう多くない。

近畿　中生代

■トサペクテン

分類：軟体動物斧足類	
産地：福井県大飯郡高浜町難波江	
時代：三畳紀	サイズ：長さ(左右)4cm
母岩：砂質頁岩	クリーニングの難易度：B

◎殻は溶け去っているのが普通だ。

■クラミス・モジソヴィッチイ

分類：軟体動物斧足類	
産地：福井県大飯郡高浜町難波江	
時代：三畳紀	サイズ：高さ3cm
母岩：砂質頁岩	クリーニングの難易度：B

◎ニシキガイの仲間。

近畿 中生代

■リマ
分類：軟体動物斧足類
産地：福井県大飯郡高浜町難波江
時代：三畳紀　　　サイズ：写真の左右4cm
母岩：砂質頁岩　　クリーニングの難易度：C
◎ミノガイの仲間。

■オキシトーマ
分類：軟体動物斧足類
産地：福井県大飯郡高浜町難波江
時代：三畳紀　　　サイズ：長さ（左右）2.5cm
母岩：砂質頁岩　　クリーニングの難易度：C
◎トサペクテンとともに三畳紀の代表的な二枚貝である。

■スピリフェリナ
分類：腕足動物有関節類
産地：福井県大飯郡高浜町難波江
時代：三畳紀　　　サイズ：左右2.3cm
母岩：砂質頁岩　　クリーニングの難易度：C
◎この場所からはたくさんの二枚貝に混じって腕足類も多産する。

■五角ウミユリ（不明種）
分類：棘皮動物ウミユリ類
産地：福井県大飯郡高浜町難波江
時代：三畳紀　　　サイズ：径5mm
母岩：砂質頁岩　　クリーニングの難易度：E
◎ウミユリの茎の部分がバラバラになったもの。

■昆虫（不明種）

分類：節足動物昆虫類	
産地：兵庫県美方郡温泉町海上	
時代：第三紀中新世	サイズ：A-長さ5mm、B-長さ1.5cm
母岩：泥板岩	クリーニングの難易度：C

◎温泉町海上は昆虫化石が多産することで有名な場所である。

温泉町海上の産地。どこの産地でも昆虫や葉っぱの出るところというのは、このようにきれいに成層しているものだ。

■植物（不明種）

分類：被子植物双子葉類	
産地：兵庫県美方郡温泉町海上	
時代：第三紀中新世	サイズ：長さ3cm
母岩：泥板岩	クリーニングの難易度：D

◎植物化石の保存もきわめて良好。

■カエデ

分類：被子植物双子葉類	
産地：兵庫県美方郡温泉町海上	
時代：第三紀中新世	サイズ：長さ3cm
母岩：泥板岩	クリーニングの難易度：D

◎地層はやや砂っぽい層と泥っぽい層とが互層になっており、何枚かの化石を多産する層がある。

近畿 新生代

■六射サンゴ（不明種）
分類：腔腸動物六射サンゴ類	
産地：三重県安芸郡美里村家所	
時代：第三紀中新世	サイズ：径2cm、長さ3cm
母岩：砂岩	クリーニングの難易度：D

◎単体のサンゴである。その形から、静かな泥の海底に生息していたものと思われる。左は横断面。右は個体の側面。

■オオハネガイ
分類：軟体動物斧足類	
産地：三重県安芸郡美里村家所	
時代：第三紀中新世	サイズ：高さ12.5cm
母岩：砂岩	クリーニングの難易度：D

◎大型で殻は薄く、殻表は平滑である。

■ツキガイモドキ（学名：ルシノマ）
分類：軟体動物斧足類	
産地：三重県安芸郡美里村柳谷	
時代：第三紀中新世	サイズ：長さ(左右)5.5cm
母岩：砂岩	クリーニングの難易度：C

◎美里村柳谷からは数多くの種類の二枚貝が産出する。

近畿 新生代

■パチノペクテン・チチブエンシス・ミツガノエンセ
分類：軟体動物斧足類
産地：三重県安芸郡美里村柳谷
時代：第三紀中新世　　サイズ：高さ6.5cm
母岩：砂岩　　　　　　クリーニングの難易度：C
◎柳谷でもっとも多く産出するのはこのホタテガイである。

■リュウグウハゴロモガイ(学名：ペリプローマ)
分類：軟体動物斧足類
産地：三重県安芸郡美里村長野
時代：第三紀中新世　　サイズ：長さ(左右)9cm
母岩：泥岩　　　　　　クリーニングの難易度：D
◎美しい名前を持つこの貝は、殻が薄く、殻頂にスリットがあって珍しい。ここでは泥岩中に合弁で産出する。

■ツリテラ
分類：軟体動物腹足類
産地：三重県安芸郡美里村柳谷
時代：第三紀中新世　　サイズ：高さ6.6cm
母岩：砂岩　　　　　　クリーニングの難易度：C
◎キリガイダマシと呼ばれるこの巻き貝は、各地の中新世の地層から産出する。

■ヤベネジボラ
分類：軟体動物腹足類
産地：三重県安芸郡美里村家所
時代：第三紀中新世　　サイズ：高さ11cm
母岩：泥岩　　　　　　クリーニングの難易度：D
◎背の高い巻き貝で、やや深い海に棲んでいたものと思われる。

近畿 新生代

■ヒタチオビガイ（学名：フルゴラリア）
分類	軟体動物腹足類	
産地	三重県安芸郡美里村柳谷	
時代	第三紀中新世	サイズ：高さ15.5cm
母岩	砂岩	クリーニングの難易度：C

◎大型の巻き貝である。この標本はスリムな種類である。

■ヒタチオビガイ（学名：フルゴラリア）
分類	軟体動物腹足類	
産地	三重県安芸郡美里村柳谷	
時代	第三紀中新世	サイズ：高さ19cm
母岩	砂岩	クリーニングの難易度：C

◎柳谷ではごく普通に産出する巻き貝だが、この標本は異常に大きい種類だ。よく膨らむタイプ。

■ヒタチオビガイの群集
分類	軟体動物腹足類	
産地	三重県安芸郡美里村穴倉	
時代	第三紀中新世	サイズ：写真の左右30cm
母岩	砂岩	クリーニングの難易度：C

◎道路の切り割りで採集したもの。同じ方向を向いているのは興味深い。

■カサガイ（不明種）
分類	軟体動物腹足類	
産地	三重県安芸郡美里村柳谷	
時代	第三紀中新世	サイズ：長径1.5cm
母岩	砂岩	クリーニングの難易度：D

◎小型のカサガイである。

近畿　新生代

■ツノ貝（不明種）

分類：軟体動物掘足類	
産地：三重県安芸郡美里村柳谷	
時代：第三紀中新世	サイズ：長さ4.5cm
母岩：砂岩	クリーニングの難易度：C

◎柳谷も谷の奥に行くと、ツノ貝だけが密集した地層があり、規則正しい方向性を持って産出する。

■カニ（不明種）

分類：節足動物甲殻類	
産地：三重県安芸郡美里村柳谷	
時代：第三紀中新世	サイズ：上の化石（背甲）の長さ1.7cm
母岩：砂岩	クリーニングの難易度：C

◎この地ではあまりカニの化石は出ていない。土山町鮎河産のものに類似。

■ウニ（不明種）

分類：棘皮動物ウニ類	
産地：三重県安芸郡美里村家所	
時代：第三紀中新世	サイズ：径2.7cm
母岩：砂岩	クリーニングの難易度：D

◎ブンブクウニの仲間。

■ウニ（不明種）

分類：棘皮動物ウニ類	
産地：三重県安芸郡美里村穴倉	
時代：第三紀中新世	サイズ：長径1.5cm
母岩：砂岩	クリーニングの難易度：D

◎小型のボタンウニの仲間。

近畿 新生代

■魚の歯？(不明種)
分類：脊椎動物硬骨魚類
産地：三重県安芸郡美里村柳谷
時代：第三紀中新世　　サイズ：高さ1cm
母岩：砂岩　　　　　　クリーニングの難易度：C
◎硬骨魚類の歯と思われるが不明。長野県の阿南町からも同じものが産出している。

■魚の歯？(不明種)
分類：脊椎動物硬骨魚類
産地：三重県安芸郡美里村柳谷
時代：第三紀中新世　　サイズ：長さ9mm
母岩：砂岩　　　　　　クリーニングの難易度：C
◎硬骨魚類の歯と思われるが不明。

■魚の歯？(不明種)
分類：脊椎動物硬骨魚類
産地：三重県安芸郡美里村柳谷
時代：第三紀中新世　　サイズ：高さ8mm
母岩：砂岩　　　　　　クリーニングの難易度：C
◎硬骨魚類の歯と思われるが不明。

■魚の歯？(不明種)
分類：脊椎動物硬骨魚類
産地：三重県安芸郡美里村柳谷
時代：第三紀中新世　　サイズ：高さ5mm
母岩：砂岩　　　　　　クリーニングの難易度：C
◎硬骨魚類の歯と思われるが不明。

■カルカロドン・メガロドン
分類：脊椎動物軟骨魚類
産地：三重県安芸郡美里村柳谷
時代：第三紀中新世
サイズ：高さ7.2cm
母岩：砂岩
クリーニングの難易度：C
◎この地では最大の大きさ。歯の先端は風化して欠損していたので石膏で補う。

■カルカロドン・メガロドン
分類：脊椎動物軟骨魚類
産地：三重県安芸郡美里村柳谷
時代：第三紀中新世
サイズ：高さ7cm
母岩：砂岩
クリーニングの難易度：C
◎2番目に大きな標本。貝化石層の中に産出。

近畿　新生代

近畿 新生代

■カルカロドン・メガロドン
分類：脊椎動物軟骨魚類
産地：三重県安芸郡美里村柳谷
時代：第三紀中新世　　サイズ：高さ2.2cm
母岩：砂岩　　　　　　クリーニングの難易度：C
◎歯冠が寝ているので，顎の前側ではなく，側面の歯であることがわかる。

■ラムナ
分類：脊椎動物軟骨魚類
産地：三重県安芸郡美里村柳谷
時代：第三紀中新世　　サイズ：左右1.4cm
母岩：砂岩　　　　　　クリーニングの難易度：C
◎この地では非常に珍しいタイプ。

■ヘミプリスティス

分類：脊椎動物軟骨魚類	産地：三重県安芸郡美里村柳谷	時代：第三紀中新世
サイズ：A-高さ1.6cm，B-高さ2cm	母岩：砂岩	クリーニングの難易度：C

◎比較的珍しい種類だが，この地ではかなり産出する。

■アオザメ（学名：イスルス）

分類：脊椎動物軟骨魚類	産地：三重県安芸郡美里村柳谷	時代：第三紀中新世
サイズ：A-高さ3.4cm, B-高さ3.7cm	母岩：砂岩	クリーニングの難易度：C

◎鋸歯はない。

■アオザメ（学名：イスルス）

分類：脊椎動物軟骨魚類	産地：三重県安芸郡美里村柳谷	時代：第三紀中新世
サイズ：左の高さ3.6cm	母岩：砂岩	クリーニングの難易度：C

◎サメの歯は生えている部位によって形が違うので同定は難しい。

■ **イタチザメ**（学名：ガレオセルドウ）

分類：脊椎動物軟骨魚類	産地：三重県安芸郡美里村柳谷	時代：第三紀中新世
サイズ：A-高さ1.5cm, B-高さ1.6cm	母岩：砂岩	クリーニングの難易度：C

◎歯冠が大きく曲がるタイプ。鋸歯がある。

■ **メジロザメ**（学名：カルカリヌス）

分類：脊椎動物軟骨魚類	産地：三重県安芸郡美里村柳谷	時代：第三紀中新世
サイズ：A-高さ1.2cm, B-高さ1.7cm	母岩：砂岩	クリーニングの難易度：C

◎小型のサメでもっとも産出が多い。

■ カグラザメ(学名：ヘキサンカス)

分類：脊椎動物軟骨魚類	産地：三重県安芸郡美里村柳谷	時代：第三紀中新世
サイズ：左右2.7cm、高さ1.5cm	母岩：砂岩	クリーニングの難易度：C

◎珍しい種類。産出は少ない。

■ カグラザメ

分類：脊椎動物軟骨魚類	
産地：三重県安芸郡美里村柳谷	
時代：第三紀中新世	サイズ：左右2.5cm
母岩：砂岩	クリーニングの難易度：C

◎歯根が大きい。

■ ツノザメ(学名：スコーラス)

分類：脊椎動物軟骨魚類	
産地：三重県安芸郡美里村柳谷	
時代：第三紀中新世	サイズ：高さ1.6cm
母岩：砂岩	クリーニングの難易度：C

◎歯冠が歯根よりも小さなタイプで、この地での産出はごく稀である。

近畿 新生代

近畿 新生代

■シロワニ(学名:オドンタスピス)
分類:脊椎動物軟骨魚類	
産地:三重県安芸郡美里村柳谷	
時代:第三紀中新世	サイズ:高さ2.7cm
母岩:砂岩	クリーニングの難易度:C

◎鋸歯のない鋭い歯の脇に副咬頭がある。当地での産出はごく稀である。

■レモンザメ(学名:ネガプリオン)
分類:脊椎動物軟骨魚類	
産地:三重県安芸郡美里村柳谷	
時代:第三紀中新世	サイズ:高さ0.7cm
母岩:砂岩	クリーニングの難易度:C

◎メジロザメに次いで産出の多い小型のサメ。

■カスザメ(学名:スコーチナ)
分類:脊椎動物軟骨魚類	産地:三重県安芸郡美里村柳谷	時代:第三紀中新世
サイズ:A-高さ5mm, B-高さ1cm	母岩:砂岩	クリーニングの難易度:C

◎歯根が後方に伸びるタイプ。産出は稀。

■サメの歯（不明種）

分類：脊椎動物軟骨魚類	
産地：三重県安芸郡美里村柳谷	
時代：第三紀中新世	サイズ：高さ2.8cm
母岩：砂岩	クリーニングの難易度：C

◎鋸歯はなく歯根が大きい。

■サメの歯（不明種）

分類：脊椎動物軟骨魚類	
産地：三重県安芸郡美里村柳谷	
時代：第三紀中新世	サイズ：高さ4.2cm
母岩：砂岩	クリーニングの難易度：C

◎ラムナに似る。

■エイの尾棘（不明種）➡

分類：脊椎動物軟骨魚類	
産地：三重県安芸郡美里村柳谷	
時代：第三紀中新世	サイズ：長さ9cm
母岩：砂岩	クリーニングの難易度：C

◎エイの毒針である。

■アカエイ

分類：脊椎動物軟骨魚類	
産地：三重県安芸郡美里村柳谷	
時代：第三紀中新世	サイズ：高さ3mm
母岩：砂岩	クリーニングの難易度：C

◎小さくて取り出すのは困難。

近畿 新生代

近畿 新生代

■サメの脊椎（不明種）

分類：脊椎動物軟骨魚類	
産地：三重県安芸郡美里村柳谷	
時代：第三紀中新世	サイズ：径2.5cm
母岩：砂岩	クリーニングの難易度：C

◎小太鼓のような形をしており、接続面は円錐状に窪む。

■魚の脊椎？（不明種）

分類：脊椎動物硬骨魚類？	
産地：三重県安芸郡美里村柳谷	
時代：第三紀中新世	サイズ：径2.9cm
母岩：砂岩	クリーニングの難易度：C

◎鼓のような形をしているので、魚の脊椎と思われる。

美里村柳谷の化石層。柳谷周辺には5cm～1mくらいに厚さが変化するこのような化石層が広範囲に分布し、貝類や脊椎動物を中心に多産する。岩質は礫混じりの砂岩である。

近畿　新生代

A

B

■鰭脚類の距骨（不明種）

分類：脊椎動物哺乳類	産地：三重県安芸郡美里村柳谷	時代：第三紀中新世
サイズ：左の高さ5cm	母岩：砂岩	クリーニングの難易度：B

◎アシカ類の踵の骨と思われる。Bは裏から見たもの。左は足立標本。

近畿 新生代

■鰭脚類の犬歯?(不明種)
分類:脊椎動物哺乳類
産地:三重県安芸郡美里村柳谷
時代:第三紀中新世　サイズ:歯冠の高さ1.7cm
母岩:砂岩　クリーニングの難易度:B
◎アシカ類の犬歯と思われる。

■鰭脚類の歯(不明種)
分類:脊椎動物哺乳類
産地:三重県安芸郡美里村柳谷
時代:第三紀中新世　サイズ:高さ1.4cm
母岩:砂岩　クリーニングの難易度:B
◎鰭脚類の歯と思われるものがかなり産出するが、壊れやすくてクリーニングは難しい。

■鰭脚類の歯(不明種)
分類:脊椎動物哺乳類
産地:三重県安芸郡美里村柳谷
時代:第三紀中新世
サイズ:高さ1.4cm
母岩:砂岩
クリーニングの難易度:B
◎歯根が二つに分かれるタイプ。

■鯨類の歯（不明種）

分類：脊椎動物哺乳類
産地：三重県安芸郡美里村柳谷
時代：第三紀中新世
サイズ：A-高さ9.5cm、B-高さ9cm、C-高さ14cm
母岩：砂岩　　　クリーニングの難易度：C

◎歯クジラの歯と思われる。歯冠に比べて歯根が非常に長い。

近畿 新生代

■鯨類の椎板(不明種)

分類:脊椎動物哺乳類	産地:三重県安芸郡美里村柳谷	時代:第三紀中新世
サイズ:A-左右7.2cm、B-左右4.8cm	母岩:砂岩	クリーニングの難易度:B

◎脊椎と脊椎の間にある薄い板状の骨。

■鯨類の尾骨?(不明種)A

分類:脊椎動物哺乳類	
産地:三重県安芸郡美里村柳谷	
時代:第三紀中新世	サイズ:左右4.3cm
母岩:砂岩	クリーニングの難易度:B

◎小型の鯨類の尾骨と思われる。

■鯨類の尾骨?(不明種)B、C

分類:脊椎動物哺乳類	
産地:三重県安芸郡美里村柳谷	
時代:第三紀中新世	サイズ:左右3.2cm
母岩:砂岩	クリーニングの難易度:B

◎小型の鯨類の尾骨と思われる。Bは接合面、Cは背面から見たもの。

■鯨類の歯（不明種）

分類：脊椎動物哺乳類	
産地：三重県安芸郡美里村柳谷	
時代：第三紀中新世	サイズ：高さ5.8cm
母岩：砂岩	クリーニングの難易度：B

◎イルカの歯と思われる。この標本は異常に歯根が長い。

■鯨類の歯（不明種）

分類：脊椎動物哺乳類	
産地：三重県安芸郡美里村柳谷	
時代：第三紀中新世	サイズ：高さ2.8cm
母岩：砂岩	クリーニングの難易度：B

◎イルカの歯と思われる。標準的なタイプ。

■鯨類の歯（不明種）

分類：脊椎動物哺乳類	
産地：三重県安芸郡美里村柳谷	
時代：第三紀中新世	サイズ：高さ3.5cm
母岩：砂岩	クリーニングの難易度：B

◎イルカの歯と思われる。歯冠の側面に突起を持つタイプ。

■鯨類の耳骨（不明種）

分類：脊椎動物哺乳類	
産地：三重県安芸郡美里村柳谷	
時代：第三紀中新世	サイズ：左右2.7cm
母岩：砂岩	クリーニングの難易度：B

◎イルカの岩骨と思われる。いわゆる布袋石である。

近畿 新生代

■歯（不明種）

分類：脊椎動物哺乳類	
産地：三重県安芸郡美里村柳谷	
時代：第三紀中新世	サイズ：高さ2.3cm
母岩：砂岩	クリーニングの難易度：B

◎鰭脚類の歯か？

■歯（不明種）

分類：脊椎動物哺乳類	
産地：三重県安芸郡美里村柳谷	
時代：第三紀中新世	サイズ：長さ1.2cm
母岩：砂岩	クリーニングの難易度：B

◎陸上の草食獣のものと思われる。咬合面に石膏をつめてコントラストをつけてみた。

■脊椎（不明種）

分類：脊椎動物哺乳類	産地：三重県安芸郡美里村家所	時代：第三紀中新世
サイズ：長さ8cm	母岩：泥岩	クリーニングの難易度：B

◎泥岩の中にこの化石だけが産出。右は上部から見たところ。

■ 脊椎（不明種）

分類：脊椎動物哺乳類	
産地：三重県安芸郡美里村柳谷	
時代：第三紀中新世	サイズ：左右14cm
母岩：砂岩	クリーニングの難易度：B

◎脊椎の上下ともに左右に骨が伸びる。

■ 脊椎？（不明種）

分類：脊椎動物哺乳類	
産地：三重県安芸郡美里村柳谷	
時代：第三紀中新世	サイズ：長さ5cm
母岩：砂岩	クリーニングの難易度：B

◎断面は円形ではなく半円形をしている。クジラの胸ビレの骨かも。

■ 骨（不明種）

分類：脊椎動物哺乳類	
産地：三重県安芸郡美里村柳谷	
時代：第三紀中新世	サイズ：長さ5.5cm
母岩：砂岩	クリーニングの難易度：B

◎足の骨の一部分？

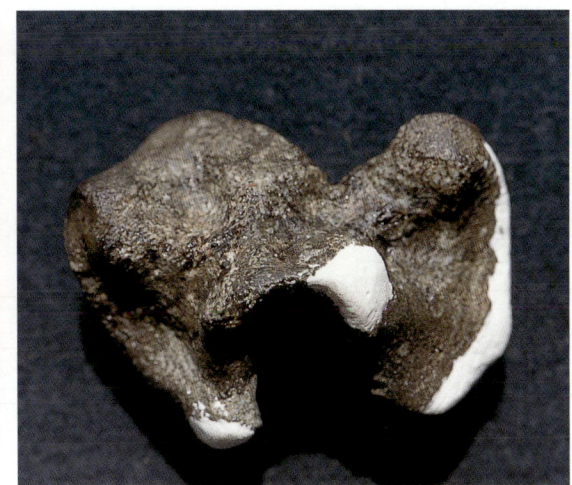

■ 骨（不明種）

分類：脊椎動物哺乳類	
産地：三重県安芸郡美里村柳谷	
時代：第三紀中新世	サイズ：左右4cm
母岩：砂岩	クリーニングの難易度：B

◎踵の骨の一部分？

近畿 新生代

■肋骨（不明種）
分類：脊椎動物哺乳類
産地：三重県安芸郡美里村柳谷
時代：第三紀中新世　　サイズ：長さ23cm
母岩：砂岩　　クリーニングの難易度：B
◎鰭脚類の肋骨か？

■所属不明
分類：所属不明
産地：三重県安芸郡美里村柳谷
時代：第三紀中新世　　サイズ：左右1cm
母岩：砂岩　　クリーニングの難易度：C
◎所属すら不明の化石はかなり多いが、これは多産する。

柳谷川の河川改修工事の時の写真。昔からあった護岸の石積みの中に化石層があるのを発見。さらに河床から化石層が出てきた。昔の人は手作業で岩石を切り出し、護岸や石垣などに使用していたらしい。

化石の発掘。現場の方の好意で、重機で化石層の取り出しが行われた。このことがたくさんの化石の発見につながった。今でもこの一帯の山や田圃の地下には大量の化石が眠っている。

■キララガイ（学名：アシラ）

分類：軟体動物斧足類	時代：第三紀中新世
産地：滋賀県甲賀郡土山町鮎河	母岩：砂岩
サイズ：長さ(左右)2.8cm	クリーニングの難易度：C

◎第三紀の地層からはごく普通に産出する。

■ミゾガイ（学名：シリクワ）

分類：軟体動物斧足類	時代：第三紀中新世
産地：滋賀県甲賀郡土山町鮎河	母岩：砂岩
サイズ：長さ(左右)1.7cm	クリーニングの難易度：D

◎非常に殻が薄く小型。鮎河では密集して産出する。

■フナガタガイ（学名：トラペジウム）

分類：軟体動物斧足類	時代：第三紀中新世
産地：滋賀県甲賀郡土山町鮎河	母岩：砂岩
サイズ：長さ(左右)4.6cm	クリーニングの難易度：C

◎ビカリアとともに産出する。

■ドシニア

分類：軟体動物斧足類	時代：第三紀中新世
産地：滋賀県甲賀郡土山町鮎河	母岩：砂岩
サイズ：長さ(左右)2cm	クリーニングの難易度：D

◎殻は円形で細かい成長肋が多数並ぶ。

■アサリ

分類：軟体動物斧足類	時代：第三紀中新世
産地：滋賀県甲賀郡土山町鮎河	母岩：砂岩
サイズ：長さ(左右)4.2cm	クリーニングの難易度：D

◎殻表には網目状の模様がある。

■ホタテガイ（不明種）

分類：軟体動物斧足類	時代：第三紀中新世
産地：滋賀県甲賀郡土山町鮎河	母岩：砂岩
サイズ：高さ1.3cm	クリーニングの難易度：D

◎この場所ではホタテガイ類の産出は少ない。

近畿 新生代

■カニモリガイ

分類：軟体動物腹足類	時代：第三紀中新世
産地：滋賀県甲賀郡土山町鮎河	母岩：砂岩
サイズ：高さ1.6cm	クリーニングの難易度：D

◎ビカリアといっしょに産出する。殻表は顆粒で覆われる。

■ビカリエラ

分類：軟体動物腹足類	時代：第三紀中新世
産地：滋賀県甲賀郡土山町鮎河	母岩：砂岩
サイズ：高さ3.7cm	クリーニングの難易度：D

◎ビカリアよりもうんと小型で、イボも小さい。

■ビカリエラ

分類：軟体動物腹足類	時代：第三紀中新世
産地：滋賀県甲賀郡土山町鮎河	母岩：砂岩
サイズ：高さ3.5cm	クリーニングの難易度：D

■ヘナタリ

分類：軟体動物腹足類	時代：第三紀中新世
産地：滋賀県甲賀郡土山町鮎河	母岩：砂岩
サイズ：高さ2cm	クリーニングの難易度：D

■メイセンタマガイ（学名：ユースピラ）

分類：軟体動物腹足類	時代：第三紀中新世
産地：滋賀県甲賀郡土山町鮎河	母岩：砂岩
サイズ：高さ2cm	クリーニングの難易度：D

◎タニシのような形をした巻き貝。多産する。

■巻き貝の蓋（不明種）

分類：軟体動物腹足類	時代：第三紀中新世
産地：滋賀県甲賀郡土山町鮎河	母岩：砂岩
サイズ：長さ（左右）1cm	クリーニングの難易度：D

◎メイセンタマガイの蓋と思われる。

■フルゴラリア
分類：軟体動物腹足類
産地：滋賀県甲賀郡土山町鮎河
時代：第三紀中新世	サイズ：高さ8.5cm
母岩：砂岩	クリーニングの難易度：C

◎当地では産出は少ない。

■ツリテラ
分類：軟体動物腹足類
産地：滋賀県甲賀郡土山町鮎河
時代：第三紀中新世	サイズ：高さ6cm
母岩：砂岩	クリーニングの難易度：C

◎和名をキリガイダマシという。当地では多産し、ツリテラだけの密集層が狭在する。

■ツリテラ群集
分類：軟体動物腹足類
産地：滋賀県甲賀郡土山町鮎河
時代：第三紀中新世
サイズ：写真の左右20cm
母岩：砂岩
クリーニングの難易度：C

◎板状のノジュール中に方向性を持って密集する。分離もよくてたいへん美しい。

近畿　新生代

205

近畿 新生代

■ビカリア

分類：軟体動物腹足類	
産地：滋賀県甲賀郡土山町鮎河	
時代：第三紀中新世	サイズ：高さ8cm
母岩：砂質泥岩	クリーニングの難易度：B

◎非常に分離の悪い標本をクリーニングしたもの。多産はするが、採集とクリーニングが難しく、なれないと困難。

クリーニングのポイント3
マシーンワーク

バイブレーターを使って泥や砂粒を少しずつ飛ばしていく。時間のかかる作業である。カルシウムで固結しているような石（北海道のアンモナイトを含むノジュール等）には向かない。比較的やわらかい砂泥岩に有効で、しかも化石自体が壊れやすいものには特に有効だ。福島県いわき市の白亜紀層や岡山県阿哲郡大佐町の地層にも効果があった。バイブレーターはホームセンターで市販されている彫刻用のもの。

■ビカリア

分類：軟体動物腹足類	
産地：滋賀県甲賀郡土山町鮎河	
時代：第三紀中新世	サイズ：高さ8cm
母岩：砂質泥岩	クリーニングの難易度：C

◎殻の内部が石英や方解石で満たされているものを"月のおさがり"と呼んでいる。この標本は方解石で満たされており、殻を剝ぎとったものである。

土山町鮎河でのビカリアの産出状態。乾燥していると非常に硬いので、採集は水分を多く含む冬場がいい。棘が必ず飛ぶので、フィルムケースなどに入れて持ち帰り、後で接着剤で接合する。

206

■腕足類(不明種)

分類:腕足動物有関節類	
産地:滋賀県甲賀郡土山町鮎河	
時代:第三紀中新世	サイズ:高さ1cm
母岩:砂岩	クリーニングの難易度:D

◎タテスジチョウチンに似る。

■腕足類(不明種)

分類:腕足動物無関節類	
産地:滋賀県甲賀郡土山町鮎河	
時代:第三紀中新世	サイズ:径9mm
母岩:砂岩	クリーニングの難易度:D

◎魚の脊椎とまちがえやすい。

■リンギュラ

分類:腕足動物無関節類	
産地:滋賀県甲賀郡土山町鮎河	
時代:第三紀中新世	サイズ:高さ2cm
母岩:砂岩	クリーニングの難易度:D

◎生きた化石といわれるシャミセンガイである。殻はキチン質で美しい。

これは現生のリンギュラで、有明海に生息するミドリシャミセンガイである。大きさに差はあるが形は変わらない。先祖はオルドビス紀にさかのぼる。殻の長さ3.5cm。

近畿 新生代

■シャコ

分類：節足動物甲殻類	産地：滋賀県甲賀郡土山町鮎河	時代：第三紀中新世
サイズ：長さ化石7.6cm、現生16cm	母岩：砂質泥岩	クリーニングの難易度：C

◎右端は現生種。2000万年前も現在もなんら形は変わらない。ビカリア、オキシジミ、トラペジウム、サンドパイプとともに産出。

■シャコの捕脚

分類：節足動物甲殻類	産地：滋賀県甲賀郡土山町鮎河	時代：第三紀中新世
サイズ：長さ1.2cm	母岩：砂質泥岩	クリーニングの難易度：C

◎シャコはこの捕脚を急激に伸ばし、肘のところで貝をたたき割る。右は現生のシャコの捕脚。

■コブシガニの仲間（不明種）

分類：節足動物甲殻類	産地：滋賀県甲賀郡土山町鮎河	時代：第三紀中新世
サイズ：長さ6mm	母岩：砂岩	クリーニングの難易度：C

◎殻表には顆粒がある。右は腹側。特定の石に多産。

■カニ（不明種）

分類：節足動物甲殻類	
産地：滋賀県甲賀郡土山町鮎河	
時代：第三紀中新世	サイズ：長さ1.4cm
母岩：砂岩	クリーニングの難易度：C

◎特定の石に多産する。鬼面ガニの一種。

■カニ（不明種）

分類：節足動物甲殻類	
産地：滋賀県甲賀郡土山町鮎河	
時代：第三紀中新世	サイズ：長さ1cm
母岩：砂岩	クリーニングの難易度：C

◎鮎河では特定の砂岩にさまざまなカニが産出する。すべて小型である。

近畿 新生代

■カニ（不明種）
分類：節足動物甲殻類
産地：滋賀県甲賀郡土山町鮎河
時代：第三紀中新世　サイズ：長さ1.4cm
母岩：砂岩　クリーニングの難易度：C
◎イシガニの仲間と思われる。

■カニの腹（不明種）
分類：節足動物甲殻類
産地：滋賀県甲賀郡土山町鮎河
時代：第三紀中新世　サイズ：長さ1cm
母岩：砂岩　クリーニングの難易度：C
◎雄の腹甲と思われる。

■カニ（不明種）
分類：節足動物甲殻類
産地：滋賀県甲賀郡土山町鮎河
時代：第三紀中新世　サイズ：長さ5mm
母岩：砂岩　クリーニングの難易度：C
◎殻表に何の装飾もなくのっぺりとしたタイプ。

■アナジャコの爪？（不明種）
分類：節足動物甲殻類
産地：滋賀県甲賀郡土山町鮎河
時代：第三紀中新世　サイズ：長さ2.2cm
母岩：砂岩　クリーニングの難易度：C
◎アナジャコもしくはスナモグリのハサミと思われる。

近畿　新生代

土山町鮎河でビカリアや二枚貝、シャコなどを採集しているところ。粘りのある石なので、タガネがないと採集は不可能。

■魚鱗（不明種）

分類：脊椎動物硬骨魚類	
産地：滋賀県甲賀郡土山町鮎河	
時代：第三紀中新世	サイズ：長さ1.2cm
母岩：砂岩	クリーニングの難易度：D

◎魚の鱗は産出が多い。

■メジロザメ（学名：カルカリヌス）

分類：脊椎動物軟骨魚類	産地：滋賀県甲賀郡土山町鮎河	時代：第三紀中新世
サイズ：A, B共に高さ1cm	母岩：砂岩	クリーニングの難易度：C

◎鮎河ではサメ歯の化石は非常に少なく、わずかにメジロザメやレモンザメといった小型のサメが産出するにすぎない。これは当時の地理・地形的要素によるものと思われる。

211

近畿 新生代

■葉(不明種)
分類:被子植物双子葉類
産地:滋賀県甲賀郡土山町鮎河
時代:第三紀中新世　サイズ:長さ6cm
母岩:砂岩　クリーニングの難易度:D
◎鮎河では地層の成層するところがないので、葉っぱの化石は少ない。これは葉っぱばかりが集まったノジュール状の石から産出したもの。

■種子(不明種)
分類:被子植物双子葉類
産地:滋賀県甲賀郡土山町鮎河
時代:第三紀中新世　サイズ:長さ8mm
母岩:砂岩　クリーニングの難易度:C
◎ウメの類の種子と思われる。

■生痕化石?
分類:生痕化石?	産地:滋賀県甲賀郡土山町猪鼻	時代:第三紀中新世
サイズ:写真の左右15cm	母岩:砂岩	クリーニングの難易度:E

◎特定の層理面に現れた特有の模様。何かの巣穴の化石と思われる。

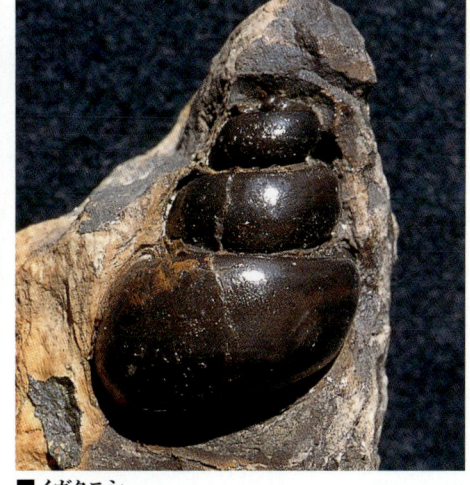

■イシガイの仲間

分類：軟体動物斧足類	
産地：三重県阿山郡大山田村服部川	
時代：第三紀鮮新世	サイズ：長さ（左右）4.5cm
母岩：粘土	クリーニングの難易度：D

◎小型の二枚貝。大型になるドブガイも多く産出するが、圧力のためにペシャンコになっている。

■イガタニシ

分類：軟体動物腹足類	
産地：三重県阿山郡大山田村服部川	
時代：第三紀鮮新世	サイズ：高さ2.5cm
母岩：粘土	クリーニングの難易度：D

◎普通は殻が軟らかく風化してまともな標本は得られないが、この標本は殻の内部に褐鉄鉱が生成されたために原形を保っている。内形雄型。

■コイの咽頭歯

分類：脊椎動物硬骨魚類	産地：三重県阿山郡大山田村服部川	時代：第三紀鮮新世
サイズ：大きいものの径1.3cm	母岩：粘土	クリーニングの難易度：D

◎左は側面、右は上から見たもの。コイ科の魚には、咽頭歯と呼ばれる食物をすり潰すための歯が咽にある。

近畿 新生代

近畿 新生代

■コイの咽頭歯
分類：脊椎動物硬骨魚類
産地：三重県阿山郡大山田村服部川
時代：第三紀鮮新世　サイズ：大きいものの径1.1cm
母岩：粘土　クリーニングの難易度：D
◎ついている場所によって形が違う。

■フナの咽頭歯
分類：脊椎動物硬骨魚類
産地：三重県阿山郡大山田村服部川
時代：第三紀鮮新世　サイズ：高さ2mm
母岩：粘土　クリーニングの難易度：D
◎逆台形の形をしている。

■ウグイの咽頭歯？
分類：脊椎動物硬骨魚類
産地：三重県阿山郡大山田村服部川
時代：第三紀鮮新世　サイズ：高さ6mm
母岩：粘土　クリーニングの難易度：D

■キセノキプリスの咽頭歯
分類：脊椎動物硬骨魚類
産地：三重県阿山郡大山田村服部川
時代：第三紀鮮新世　サイズ：高さ7mm
母岩：粘土　クリーニングの難易度：D
◎切り出しナイフのような形をしている。

■魚の棘間骨（不明種）

分類：脊椎動物硬骨魚類	
産地：三重県阿山郡大山田村服部川	
時代：第三紀鮮新世	サイズ：長さ2cm
母岩：粘土	クリーニングの難易度：C

◎鰭の付け根にある骨。

■魚の脊椎？（不明種）

分類：脊椎動物硬骨魚類？	
産地：三重県阿山郡大山田村服部川	
時代：第三紀鮮新世	サイズ：径9mm
母岩：粘土	クリーニングの難易度：D

■ギギの棘

分類：脊椎動物硬骨魚類	産地：三重県阿山郡大山田村服部川	時代：第三紀鮮新世
サイズ：長さ4.9cm	母岩：粘土	クリーニングの難易度：C

◎大型のギギの胸鰭の先についている棘。左は大八木標本、右は足立標本。採集した場所が近いので、同一個体のものと思われる。

近畿 新生代

■ワニの歯（不明種）

分類	脊椎動物爬虫類	
産地	三重県阿山郡大山田村服部川	
時代	第三紀鮮新世	サイズ：高さ1.8cm
母岩	粘土	クリーニングの難易度：D

◎ワニの歯はタニシの化石に混じって産出することが多い。

■ワニの歯（不明種）

分類	脊椎動物爬虫類	
産地	三重県阿山郡大山田村服部川	
時代	第三紀鮮新世	サイズ：右の高さ1.8cm
母岩	粘土	クリーニングの難易度：D

◎ワニの歯は食事をした時に抜けることが多いので、化石は比較的多産する。現生のものと比較して推定すると、体長は2mくらいと思われる。

■マツカサ

分類	裸子植物毬果類	
産地	三重県阿山郡大山田村服部川	
時代	第三紀鮮新世	サイズ：高さ4.5cm
母岩	粘土	クリーニングの難易度：C

◎保存状態のよいマツカサの化石。このまま乾燥させるとカサが開いたりひびが入ったりして価値を損ねるので、水に漬けて保存している。

真泥橋から見た服部川。服部川はもっとも古い古琵琶湖層が露出するところで、たくさんの化石が産出する。

■ササノハガイ

分類：軟体動物斧足類
産地：滋賀県甲賀郡甲南町野田
時代：第三紀鮮新世
サイズ：長さ(左右)7cm
母岩：粘土
クリーニングの難易度：D
◎長細い貝類。

■ササノハガイ

分類：軟体動物斧足類
産地：滋賀県甲賀郡甲西町夏見野洲川
時代：第三紀鮮新世
サイズ：長さ(左右)7.5cm
母岩：粘土
クリーニングの難易度：D
◎野洲川の河床からは約200万年前の化石が多産する。

■イシガイ

分類：軟体動物斧足類
産地：滋賀県甲賀郡甲西町夏見野洲川
時代：第三紀鮮新世
サイズ：長さ(左右)6cm
母岩：粘土
クリーニングの難易度：D
◎イシガイ類はもっとも多産する貝類だ。褐鉄鉱になっている。

■ドブガイ

分類：軟体動物斧足類
産地：滋賀県甲賀郡甲賀町小佐治
時代：第三紀鮮新世
サイズ：長さ(左右)13cm
母岩：粘土
クリーニングの難易度：D
◎大型の二枚貝。褐鉄鉱になっている。

近畿 新生代

近畿 新生代

■魚（不明種）
分類：脊椎動物硬骨魚類
産地：滋賀県甲賀郡甲賀町小佐治
時代：第三紀鮮新世
サイズ：長さ20cm
母岩：粘土
クリーニングの難易度：C
◎唯一、魚体となって産出した化石。復元すると50cmは超えそうな大きな魚だ。

■葉（不明種）
分類：被子植物双子葉類
産地：滋賀県甲賀郡甲賀町隠岐
時代：第三紀鮮新世
サイズ：写真の左右35cm
母岩：砂質粘土
クリーニングの難易度：C
◎古琵琶湖層中には植物化石も多いが、石になっていないので葉の炭質物が母岩から分離して保存するのが難しい。この標本は砂の中に残された印象化石である。

■メタセコイア
分類：裸子植物毬果類
産地：滋賀県甲賀郡水口町野洲川
時代：第三紀鮮新世
サイズ：長さ2.5cm
母岩：砂質粘土
クリーニングの難易度：C
◎メタセコイアの毬果である。古琵琶湖層からの産出は多い。

■トガサワラ？（不明種）
分類：裸子植物毬果類
産地：滋賀県甲賀郡水口町野洲川
時代：第三紀鮮新世
サイズ：長さ4.8cm
母岩：砂質粘土
クリーニングの難易度：D
◎古琵琶湖層の植物化石は水の中で保存するのが無難だ。

■菱の実（不明種）
分類：被子植物双子葉類
産地：滋賀県甲賀郡水口町野洲川
時代：第三紀鮮新世
サイズ：長さ3.5cm
母岩：砂質粘土
クリーニングの難易度：D
◎大型の菱の実。

近畿

新生代

A──甲西町の野洲川河床に露出したゾウの足跡。1989年8月撮影。
B──足跡化石の発掘調査風景。1989年8月撮影。
C──シカの足跡と思われるものも多い。1989年8月撮影。

■オオバタグルミ
分類:被子植物双子葉類
産地:滋賀県彦根市野田山町
時代:第四紀更新世　サイズ:高さ6cm
母岩:砂質粘土　クリーニングの難易度:C
◎大型のクルミの堅果である。

■クルミ(不明種)
分類:被子植物双子葉類
産地:滋賀県彦根市野田山町
時代:第四紀更新世　サイズ:高さ3.5cm
母岩:砂質粘土　クリーニングの難易度:C
◎この場所からはたくさんの植物化石が産出したが、本格的な調査をする前に造成地として削られ、産地は消滅した。

■シキシマサワグルミ
分類:被子植物双子葉類
産地:滋賀県彦根市野田山町
時代:第四紀更新世　サイズ:径5mm
母岩:砂質粘土　クリーニングの難易度:D

■エゴノキ
分類:被子植物双子葉類
産地:滋賀県彦根市野田山町
時代:第四紀更新世　サイズ:長径8mm
母岩:砂質粘土　クリーニングの難易度:D

■モミ
分類：裸子植物毬果類
産地：滋賀県彦根市野田山町
時代：第四紀更新世　サイズ：高さ7cm
母岩：砂質粘土　クリーニングの難易度：C
◎モミと思われる毬果の化石も多産したが保存が難しい。

■コハク
分類：植物樹脂
産地：滋賀県彦根市野田山町
時代：第四紀更新世　サイズ：写真の左右4cm
母岩：砂質粘土　クリーニングの難易度：D
◎小さなコハクは無数にあり、数cmを超えるものも産出した。

■菱の実（不明種）
分類：被子植物双子葉類
産地：滋賀県犬上郡多賀町四手
時代：第四紀更新世　サイズ：長さ3cm
母岩：砂質粘土　クリーニングの難易度：C
◎多賀町ではアケボノゾウやシカ、貝化石、植物化石が多産している。

■ハンノキ
分類：被子植物双子葉類
産地：滋賀県大津市真野大野町
時代：第四紀更新世　サイズ：長さ1.5cm
母岩：砂質粘土　クリーニングの難易度：D
◎琵琶湖西部の堅田丘陵と呼ばれる地域でも、植物や貝化石、哺乳類の化石がたくさん産出している。

近畿　新生代

近畿 新生代

■ヒトデ(不明種)
分類:棘皮動物ヒトデ類
産地:兵庫県神戸市垂水区
時代:第四紀更新世
サイズ:長さ7cm
母岩:砂質粘土
クリーニングの難易度:C
◎明石海峡大橋の工事現場から産出したもの。無数のヒトデが固まって産出した。

■サンショウウニ(不明種)
分類:棘皮動物ウニ類
産地:兵庫県神戸市垂水区
時代:第四紀更新世
サイズ:径2.4cm
母岩:砂質粘土
クリーニングの難易度:C
◎ヒトデに混じって産出。印象化石なので石膏で型取りしたもの。足立標本。

中国・四国

■ハリシテス・シスミルヒ

分類：腔腸動物床板サンゴ類	
産地：高知県高岡郡越知町横倉山	
時代：シルル紀	サイズ：左右3cm
母岩：石灰岩	クリーニングの難易度：C

◎鎖サンゴの一種。

■鎖サンゴの一種（不明種）

分類：腔腸動物床板サンゴ類	
産地：高知県高岡郡越知町横倉山	
時代：シルル紀	サイズ：写真の左右4cm
母岩：凝灰岩	クリーニングの難易度：C

◎鎖状の個体が異常に大きなタイプ。

■ファルシカテニポーラ・シコクエンシス

分類：腔腸動物床板サンゴ類	産地：高知県高岡郡越知町横倉山	時代：シルル紀
サイズ：写真の左右7cm	母岩：凝灰岩	クリーニングの難易度：C

◎鎖サンゴの一種で、もっとも産出が多く、小さな塊状を呈する。左は研磨面。右は同じ石の半分で、酢酸処理をしたもの。酢酸で処理したもののほうが組織はよく確認できる。

223

中国・四国 古生代

■ファボシテス
分類：腔腸動物床板サンゴ類	
産地：高知県高岡郡越知町横倉山	
時代：シルル紀	サイズ：長径6cm
母岩：凝灰岩	クリーニングの難易度：C

◎蜂の巣サンゴ。球状の群体であることがわかる。大変美しい標本だ。

■ファボシテス
分類：腔腸動物床板サンゴ類	
産地：高知県高岡郡越知町横倉山	
時代：シルル紀	サイズ：写真の左右5cm
母岩：凝灰岩	クリーニングの難易度：C

◎風化面。蜂の巣状の群体の様子がよくわかる。

■ファボシテス
分類：腔腸動物床板サンゴ類	
産地：高知県高岡郡越知町横倉山	
時代：シルル紀	サイズ：写真の左右3.5cm
母岩：凝灰岩	クリーニングの難易度：C

◎横断面を研磨したもの。

クリーニングのポイント4
グラインディングワーク

岩石の平面研磨である。この作業をすると岩石中の化石の断面が見えるようになる。#150～#2000の研磨粉を順次交換しながら研磨していく。その前にヤスリなどで石の表面の凹凸を取っておくと作業が楽だ。仕上げはベンガラや酸化クロムなどを布に塗りつけて研磨するのだが、面倒ならスプレーラッカーで十分だ。コントラストが悪ければ、この後、後述の酢酸処理をする。

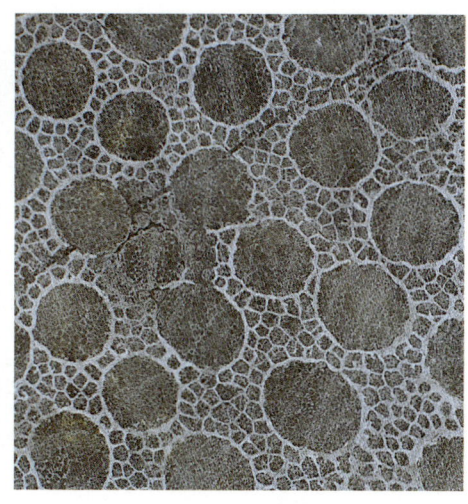

中国・四国 古生代

■ヘリオリテス

分類：腔腸動物床板サンゴ類	産地：高知県高岡郡越知町横倉山	時代：シルル紀
サイズ：大きな円の径2mm	母岩：凝灰岩	クリーニングの難易度：C

◎通称、日石サンゴと呼ばれている。研磨面。右はさらに拡大したもので、レース模様が美しい。

■ヘリオリテス

分類：腔腸動物床板サンゴ類	
産地：高知県高岡郡越知町横倉山	
時代：シルル紀	サイズ：径6cm
母岩：凝灰岩	クリーニングの難易度：C

◎鎖サンゴを取り囲むようにして成長した珍しい群体。

クリーニングのポイント5
ケミカルワーク2

酢酸処理の様子。酢酸は塩酸と違って弱酸なので、石灰岩を溶かすスピードは非常に遅い。さらに薄い溶液（ほとんど泡が出ないくらい）で、一晩かけてゆっくり処理すると、石灰岩の成分の微妙な違いで溶ける時間が違い、石の表面に凹凸ができる。このような理屈で化石の組織が石の表面に浮き上がるのだ。自然界での石灰岩の風化は、雨水に含まれる炭酸によるところが大きい。

225

中国・四国　古生代

■四射サンゴ（不明種）
分類：腔腸動物四射サンゴ類	
産地：高知県高岡郡越知町横倉山	
時代：シルル紀	サイズ：径2.5cm
母岩：凝灰岩	クリーニングの難易度：C

◎単体の四射サンゴも産出は多い。横断面を研磨したもの。

■巻き貝（不明種）
分類：軟体動物腹足類	
産地：高知県高岡郡越知町横倉山	
時代：シルル紀？	サイズ：高さ1cm
母岩：シルト	クリーニングの難易度：D

◎中腹の林道で採集したもの。印象。中生代のものかも？

■巻き貝（不明種）
分類：軟体動物腹足類	
産地：高知県高岡郡越知町横倉山	
時代：シルル紀？	サイズ：左の高さ1.8cm
母岩：シルト	クリーニングの難易度：C

◎印象の中に接着剤を注入し、型を取ったもの。

越知町横倉山の南斜面の様子。尾根付近をまたいで北斜面にも化石が産出する。

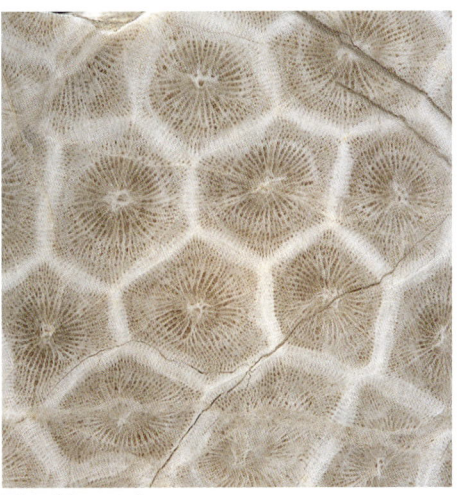

中国・四国　古生代

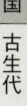

■オザキフィルム
分類：腔腸動物四射サンゴ類	
産地：山口県美祢市伊佐町宇部興産	
時代：石炭紀	サイズ：個体の径7mm
母岩：石灰岩	クリーニングの難易度：C

◎各個体が密着するタイプの群体サンゴ。

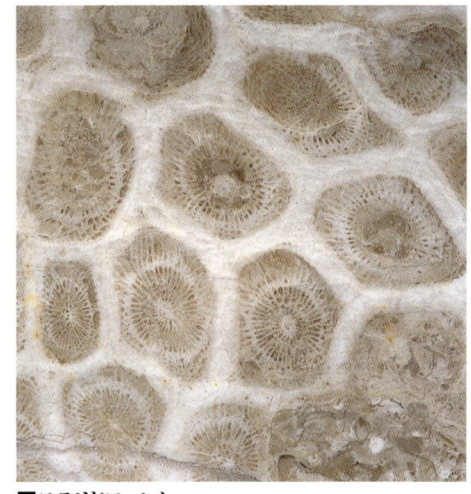

■ステリドフィルム
分類：腔腸動物四射サンゴ類	
産地：山口県美祢市伊佐町南台	
時代：石炭紀	サイズ：個体の径1cm
母岩：石灰岩	クリーニングの難易度：C

◎前種に似るが、壁が分厚い。

■四射サンゴ（不明種）
分類：腔腸動物四射サンゴ類	
産地：山口県美祢市伊佐町宇部興産	
時代：石炭紀	サイズ：径3.5cm
母岩：石灰岩	クリーニングの難易度：C

◎中型の単体四射サンゴ。横断面を研磨したもの。

■海綿（不明種）
分類：海綿動物	
産地：山口県美祢郡秋芳町秋吉台	
時代：石炭紀	サイズ：左右4cm
母岩：石灰岩	クリーニングの難易度：C

◎秋吉台のスカイライン（現県道32号線）で見つけたもの。

中国・四国 古生代

■ディアボロセラス？
分類：軟体動物頭足類
産地：山口県美祢市伊佐町南台
時代：石炭紀　　　　サイズ：径5mm
母岩：石灰岩　　　　クリーニングの難易度：C
◎三角に巻く変わった種類のゴニアタイトだ。吉田標本。

■スピリファー
分類：腕足動物有関節類
産地：山口県美祢市伊佐町宇部興産
時代：石炭紀　　　　サイズ：幅6cm
母岩：石灰岩　　　　クリーニングの難易度：C
◎大型の腕足類。

■ブラキメトプス
分類：節足動物三葉虫類
産地：山口県美祢市伊佐町南台
時代：石炭紀　　　　サイズ：幅1.1cm
母岩：石灰岩　　　　クリーニングの難易度：C
◎小型の三葉虫の頭部。吉田標本。

美祢市伊佐町にある宇部興産の採石場。山肌の表土を剥いだ直後がもっともよい化石が見つかる。石灰岩の色といい産出する化石の種類といい、新潟県の青海に非常によく似ている。

中国・四国 中生代

■ネオカラミテス
分類：羊歯植物トクサ類
産地：高知県高岡郡越知町赤土トンネル付近
時代：三畳紀　サイズ：高さ11cm
母岩：砂質泥岩　クリーニングの難易度：D
◎トクサの仲間。

美祢市の三畳紀石炭層。この地層を貫いて国道がつくられた。

■ミネトリゴニア
分類：軟体動物斧足類
産地：山口県美祢市大嶺町
時代：三畳紀　サイズ：高さ2.1cm
母岩：砂質泥岩　クリーニングの難易度：C
◎古いタイプの三角貝。吉田標本。

■ネオカラミテス
分類：羊歯植物トクサ類
産地：山口県美祢市大嶺町
時代：三畳紀　サイズ：幅10cm
母岩：頁岩　クリーニングの難易度：C
◎節から数多くの針状の葉が出ている。吉田標本。

中国・四国 中生代

豊田町石町の産地。たくさんの人が採集に来ており、露頭の下はズリ捨て場になっている。そのズリを割って探すほうが手っ取り早い。

■シュードミチロイデス

分類：軟体動物斧足類	
産地：山口県豊浦郡豊田町石町	
時代：ジュラ紀	サイズ：高さ1.2cm
母岩：泥板岩	クリーニングの難易度：D

■アプチクス

分類：軟体動物頭足類	産地：山口県豊浦郡豊田町石町	時代：ジュラ紀
サイズ：高さ0.5cm	母岩：泥板岩	クリーニングの難易度：D

◎左は表面の印象、右は裏面の印象。アンモナイトの蓋と考えられる。

■ ハルポセラス
分類：軟体動物頭足類
産地：山口県豊浦郡豊田町石町
時代：ジュラ紀　　　サイズ：径6.5cm
母岩：泥板岩　　　クリーニングの難易度：D
◎やや大きくなるタイプで、肋がS字状に屈曲する。

■ フィチニテス
分類：軟体動物頭足類
産地：山口県豊浦郡菊川町西中山
時代：ジュラ紀　　　サイズ：径3cm
母岩：泥板岩　　　クリーニングの難易度：D
◎今泉標本。

■ ハルポセラス
分類：軟体動物頭足類
産地：山口県豊浦郡豊田町石町
時代：ジュラ紀
サイズ：径5cm
母岩：泥板岩
クリーニングの難易度：D
◎細い肋がS字状に大きく屈曲する。今泉標本。

中国・四国　中生代

中国・四国 中生代

■プロトグラモセラス
分類：軟体動物頭足類
産地：山口県豊浦郡豊田町石町
時代：ジュラ紀　　　サイズ：径2.2cm
母岩：泥板岩　　　　クリーニングの難易度：D
◎今泉標本。

■ダクチリオセラス
分類：軟体動物頭足類
産地：山口県豊浦郡豊田町石町
時代：ジュラ紀　　　サイズ：径2.2cm
母岩：泥板岩　　　　クリーニングの難易度：D
◎菊川町や豊田町ではアンモナイトが多産するが、保存状態はあまりよくない。

■アンモナイトの破片

分類：軟体動物頭足類	産地：山口県豊浦郡豊田町石町	時代：ジュラ紀
サイズ：写真の左右10cm	母岩：泥板岩	クリーニングの難易度：D

◎アンモナイトが転がった跡とよくいわれるが、殻の溶けた痕跡があるのでこれは破片の集まりである。

中国・四国 中生代

佐川町西山の石灰岩採石場跡。石灰岩と石灰岩の間には黄色い色をした凝灰岩層が挟まっている。比較的軟らかいので発見は容易だが、化石は方解石になっているので非常に壊れやすい。

■ 六射サンゴ（不明種）
分類：腔腸動物六射サンゴ類
産地：高知県高岡郡佐川町鳥の巣
時代：ジュラ紀　　　　サイズ：写真の左右3cm
母岩：鳥の巣石灰岩　　クリーニングの難易度：C
◎個体の壁が欠如して密着している群体の六射サンゴ。

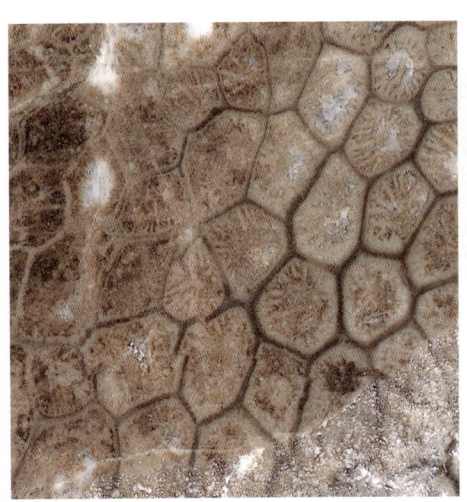

■ 六射サンゴ（不明種）
分類：腔腸動物六射サンゴ類
産地：高知県高岡郡佐川町鳥の巣
時代：ジュラ紀　　　　サイズ：写真の左右3.5cm
母岩：鳥の巣石灰岩　　クリーニングの難易度：C
◎蜂の巣状をした群体六射サンゴ。

■ 巻き貝（不明種）
分類：軟体動物腹足類
産地：高知県高岡郡佐川町西山
時代：ジュラ紀　　　　サイズ：高さ2.5cm
母岩：石灰質泥岩　　　クリーニングの難易度：A
◎非常に分離が悪いのでわかりづらいが、殻表にはイボがたくさん並んでいる。

233

中国・四国 中生代

■アンモナイト（不明種）
分類：軟体動物頭足類
産地：高知県高岡郡佐川町西山
時代：ジュラ紀　　サイズ：径約7cm
母岩：石灰質泥岩　クリーニングの難易度：A
◎不完全な標本ではあるが、この場所からのアンモナイトの産出は非常に珍しい。

■キダリス
分類：棘皮動物ウニ類
産地：高知県高岡郡佐川町西山
時代：ジュラ紀　　サイズ：長さ2.8cm
母岩：石灰質泥岩　クリーニングの難易度：C
◎風化した褐色の石灰質泥岩からは比較的うまく分離する。ウニ類の棘。

■キダリス

分類：棘皮動物ウニ類	産地：高知県高岡郡佐川町西山	時代：ジュラ紀
サイズ：大きいものの高さ4.1cm	母岩：石灰質泥岩	クリーニングの難易度：C

◎棘本体は方解石になっているので、きわめて壊れやすい。

■ビカリア・カローサ

分類：軟体動物腹足類	
産地：鳥取県八頭郡若桜町春米	
時代：第三紀中新世	サイズ：高さ10cm
母岩：黒色泥岩	クリーニングの難易度：B

◎圧力で潰れてはいるがかなりの大型である。

■ビカリア・カローサ

分類：軟体動物腹足類	
産地：鳥取県八頭郡若桜町春米	
時代：第三紀中新世	サイズ：高さ8cm
母岩：黒色泥岩	クリーニングの難易度：B

◎母岩は硬く、岐阜県の金生山の黒色泥質石灰岩にそっくりである。この標本は縦に堆積していたため、短くなっている。

若桜町春米の産地。深い谷底にあり、産地にたどり着くまでが大変だ。また、地層もきわめて硬く、容易には採集できない。

中国・四国 新生代

中国・四国 新生代

■昆虫（不明種）
分類：節足動物昆虫類
産地：鳥取県八頭郡佐治村辰巳峠
時代：第三紀中新世　　サイズ：長さ0.7cm
母岩：シルト　　クリーニングの難易度：C
◎翅の化石。

■昆虫（不明種）
分類：節足動物昆虫類
産地：鳥取県八頭郡佐治村辰巳峠
時代：第三紀中新世　　サイズ：長さ0.5cm
母岩：シルト　　クリーニングの難易度：C
◎翅の化石。昆虫の化石もたくさん産出する。

佐治村辰巳峠の露頭。地層は成層しているが、石には小さなズレがたくさんあり、植物化石の保存状態はいまひとつだった。保存状態のよいものも多産している。

中国・四国 新生代

■アナダラ
分類：軟体動物斧足類
産地：岡山県勝田郡奈義町中島東
時代：第三紀中新世　サイズ：長さ(左右)7.5cm
母岩：砂質泥岩　　クリーニングの難易度：C
◎現生のアカガイやサルボウの仲間。足立標本。

■ビカリア・カローサ
分類：軟体動物腹足類
産地：岡山県勝田郡奈義町中島東
時代：第三紀中新世　サイズ：高さ8cm
母岩：泥質ノジュール　クリーニングの難易度：B
◎これはノジュールとなっており、潰れていない。他の標本は圧力で潰れているのが普通だ。

■テングニシ
分類：軟体動物腹足類
産地：岡山県勝田郡奈義町中島東
時代：第三紀中新世
サイズ：高さ12cm
母岩：砂質泥岩
クリーニングの難易度：C
◎イボがたくさん並ぶ。

237

中国・四国 新生代

■ビカリエラ

分類：軟体動物腹足類	
産地：岡山県勝田郡奈義町柿	
時代：第三紀中新世	サイズ：高さ4cm
母岩：砂質泥岩	クリーニングの難易度：D

◎小型の巻き貝。ビカリアに似るがイボは遥かに小さい。

■スナモグリ？

分類：節足動物甲殻類	
産地：岡山県勝田郡奈義町中島東	
時代：第三紀中新世	サイズ：長さ6.5cm
母岩：砂質泥岩	クリーニングの難易度：D

◎スナモグリのハサミと思われる。足立標本。

なぎビカリアミュージアムの内部。ビカリアの産状を現存する地層で見せている。こういった展示の仕方が望ましい。

なぎビカリアミュージアムの発掘体験場にて。ただし、これは造成後の残土である。

238

中国・四国 新生代

■ビカリア・カローサ

分類：軟体動物腹足類	
産地：岡山県阿哲郡大佐町原川	
時代：第三紀中新世	サイズ：高さ12cm
母岩：砂質泥岩	クリーニングの難易度：B

◎この産地のビカリアは非常に大きく、左に並べた滋賀県産のものと比べるとその大きさがわかるだろう。

■ヘナタリ

分類：軟体動物腹足類	
産地：岡山県阿哲郡大佐町原川	
時代：第三紀中新世	サイズ：高さ3.4cm
母岩：砂質泥岩	クリーニングの難易度：C

◎小型の巻き貝。小さいものは分離がよい。

大佐町原川の産地。河床と河岸に地層が露出するが、河岸では見つけにくいし採集もしにくい。

ビカリアの産状と採集状況。岩体自体は軟らかいが、非常に粘りのある地層のため、採集は困難を極める。タガネをいくつも刺し、大きく採集するのがポイントだ。また、ほとんどがカキの化石のため、断面だけでカキとの区別がつかないと発見は困難。事前に河床をデッキブラシで掃除してからでないと水あかや苔がついていて見にくい。

中国・四国 新生代

■ビカリア・カローサ
分類：軟体動物腹足類
産地：岡山県阿哲郡大佐町原川
時代：第三紀中新世
サイズ：高さ12cm
母岩：砂質泥岩
クリーニングの難易度：C
◎2個並んで見つかったビカリア。右上はクリーニング前の標本。採集時、タガネを入れて初めて2個並んでいることがわかった。高さは12cmと異常に大きい。バイブレーターでクリーニングするときれいになる。

中国・四国 新生代

■ノムラナミガイ

分類：軟体動物斧足類	時代：第三紀中新世
産地：島根県八束郡玉湯町布志名	母岩：砂質泥岩
サイズ：長さ(左右)11cm	クリーニングの難易度：D

◎大型の二枚貝で殻は薄い。殻表には波打った成長肋が並ぶ。

■キララガイ(学名：アシラ)

分類：軟体動物斧足類	時代：第三紀中新世
産地：島根県八束郡玉湯町布志名	母岩：砂質泥岩
サイズ：長さ(左右)2.3cm	クリーニングの難易度：D

◎小型の二枚貝で、貝化石が出るところでは普通に産出する。

■イズモノアシタガイ

分類：軟体動物斧足類	時代：第三紀中新世
産地：島根県八束郡玉湯町布志名	母岩：砂質泥岩
サイズ：長さ(左右)7.5cm	クリーニングの難易度：D

◎長細い二枚貝。マテガイの仲間だ。

■ダイオウシラトリガイ(学名：マコマ)

分類：軟体動物斧足類	時代：第三紀中新世
産地：島根県八束郡玉湯町布志名	母岩：砂質泥岩
サイズ：長さ(左右)6cm	クリーニングの難易度：D

◎二枚の殻の大きさがわずかに違い、後方で片側に湾曲するのが特徴。

■ビノスガイ

分類：軟体動物斧足類	時代：第三紀中新世
産地：島根県八束郡玉湯町布志名	母岩：砂質泥岩
サイズ：長さ(左右)4cm	クリーニングの難易度：D

◎殻がよく膨らむのが特徴だ。

■ツメタガイ

分類：軟体動物腹足類	時代：第三紀中新世
産地：島根県八束郡玉湯町布志名	母岩：砂質泥岩
サイズ：径2.5cm	クリーニングの難易度：D

◎殻口の大きな巻き貝。

中国・四国 新生代

■ムカシウラシマガイ
分類：軟体動物腹足類
産地：島根県八束郡玉湯町布志名
時代：第三紀中新世　サイズ：高さ4cm
母岩：砂質泥岩　クリーニングの難易度：D
◎殻はよく膨らむ。

■チョウセンクダマキガイ
分類：軟体動物腹足類
産地：島根県八束郡玉湯町布志名
時代：第三紀中新世　サイズ：高さ4.5cm
母岩：砂質泥岩　クリーニングの難易度：D
◎長細い殻を持つ。

■ヤスリツノガイ
分類：軟体動物掘足類
産地：島根県八束郡玉湯町布志名
時代：第三紀中新世　サイズ：長さ5cm
母岩：砂質泥岩　クリーニングの難易度：D
◎殻表に細かな筋がたくさん並ぶ。

■カニ（不明種）
分類：節足動物甲殻類
産地：島根県八束郡玉湯町布志名
時代：第三紀中新世　サイズ：幅3.9cm
母岩：砂質泥岩　クリーニングの難易度：D
◎カニの甲羅である。エンコウガニの仲間か？

中国・四国 新生代

浜田市畳が浦のノジュール中には巻き貝などの化石が入っている。現地にて撮影。

■エイ

分類：脊椎動物軟骨魚類	
産地：島根県浜田市畳が浦	
時代：第三紀中新世	サイズ：幅1.8cm
母岩：砂質泥岩	クリーニングの難易度：E

◎トビエイ類の歯と思われる。

畳が浦の風景。ノジュールは硬いので浸食に強く、地層上に林立する。

中国・四国 新生代

■キヌジサメザンショウガイ
分類：軟体動物腹足類
産地：高知県室戸市羽根町
時代：第三紀鮮新世　　サイズ：径2cm
母岩：砂質泥岩　　クリーニングの難易度：D
◎深海棲の小型の巻き貝で，名前のように絹地模様がある。

■マクラガイ
分類：軟体動物腹足類
産地：高知県室戸市羽根町
時代：第三紀鮮新世　　サイズ：高さ2.5cm
母岩：砂質泥岩　　クリーニングの難易度：D
◎殻口が大きい。

■アクキガイ
分類：軟体動物腹足類
産地：高知県室戸市羽根町
時代：第三紀鮮新世　　サイズ：幅3.9cm
母岩：砂質泥岩　　クリーニングの難易度：D
◎鋭い棘がいくつも並ぶ。

安田町唐の浜の工事現場。鮮新世の登層と呼ばれる地層の露頭である。

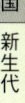

■ クサビサンゴ

分類：腔腸動物六射サンゴ類	
産地：高知県安芸郡安田町唐の浜	
時代：第三紀鮮新世	サイズ：写真の左右10cm
母岩：砂質ノジュール	クリーニングの難易度：D

◎ノジュール中にサンゴが密集する珍しい標本。

■ ヒラツボサンゴ？

分類：腔腸動物六射サンゴ類	
産地：高知県安芸郡安田町唐の浜	
時代：第三紀鮮新世	サイズ：高さ2.5cm
母岩：砂質泥岩	クリーニングの難易度：D

◎地層から直接産出するものはもろいので注意が必要だ。

■ ハリエビス

分類：軟体動物腹足類	
産地：高知県安芸郡安田町唐の浜	
時代：第三紀鮮新世	サイズ：高さ2.3cm
母岩：砂質泥岩	クリーニングの難易度：C

◎殻表がめくれると真珠光沢が現れて美しい。

■ ホタルガイ

分類：軟体動物腹足類	
産地：高知県安芸郡安田町唐の浜	
時代：第三紀鮮新世	サイズ：高さ3.4cm
母岩：砂質泥岩	クリーニングの難易度：D

◎殻表は滑らか。

中国・四国　新生代

中国・四国 新生代

■イセシラガイ
分類：軟体動物斧足類
産地：広島県広島市八丁堀三越百貨店地下
時代：第四紀完新世
サイズ：長さ(左右)5cm
母岩：泥
クリーニングの難易度：E
◎左はそのままの状態。右は殻の内部に炭酸カルシウムが沈着した標本を、塩酸で殻だけ溶かしたもの。新宅採集。

■ウラカガミ
分類：軟体動物斧足類
産地：広島県広島市八丁堀三越百貨店地下
時代：第四紀完新世
サイズ：長さ(左右)5cm
母岩：泥
クリーニングの難易度：E
◎左はそのままの状態。右は殻の内部に炭酸カルシウムが沈着した標本を、塩酸で殻だけ溶かしたもの。新宅採集。

■アナジャコ
分類：節足動物甲殻類
産地：広島県広島市八丁堀三越百貨店地下
時代：第四紀完新世
サイズ：長さ約10cm
母岩：泥
クリーニングの難易度：E
◎大きさから見ておそらくアナジャコと思われる。ノジュール状になっている。新宅標本。

九州

古生代

■ファボシテス（通称：蜂の巣サンゴ）

分類：腔腸動物床板サンゴ類	
産地：宮崎県西臼杵郡五ヶ瀬町祇園山	
時代：シルル紀	サイズ：写真の左右2.5cm
母岩：アルコーズ砂岩	クリーニングの難易度：C

◎風化して崩れやすいアルコーズ砂岩（花崗質砂岩）中に産出したもの。

■アカントハリシテス・クラオケンシス（通称：鎖サンゴ）

分類：腔腸動物床板サンゴ類	
産地：宮崎県西臼杵郡五ヶ瀬町祇園山	
時代：シルル紀	サイズ：写真の左右3cm
母岩：凝灰質石灰岩	クリーニングの難易度：D

◎鎖は長く連結しない。

■シェードハリシテス（通称：鎖サンゴ）

分類：腔腸動物床板サンゴ類	
産地：宮崎県西臼杵郡五ヶ瀬町祇園山	
時代：シルル紀	サイズ：写真の左右5cm
母岩：石灰岩	クリーニングの難易度：E

◎祇園山の山腹に転がっていた石灰岩より採集したもの。石灰岩中のものは色が白くて風化面でないと確認しにくい。

五ヶ瀬町の祇園山。現在ではなぜか採集が禁止されている。

九州 新生代

■六射サンゴ（不明種）
分類：腔腸動物六射サンゴ類
産地：熊本県天草郡姫戸町永目（天草上島）
時代：第三紀　　サイズ：径1.1cm
母岩：頁岩　　　クリーニングの難易度：E
◎この標本は，サンゴのキャリックスの印象化石である。本体は溶け去って消滅している。

■巻き貝（不明種）
分類：軟体動物腹足類
産地：鹿児島県西之表市住吉（種子島）
時代：第三紀　　サイズ：高さ2.5cm
母岩：砂岩　　　クリーニングの難易度：D
◎鉄分の多い砂岩の中にあったので，黄色く，しかも砂がこびりついて分離が悪い。ビカリアがいっしょに出てきそうな雰囲気だった。

■昆虫化石（不明種）
分類：節足動物昆虫類
産地：長崎県壱岐郡芦辺町長者が原崎（壱岐島）
時代：第三紀中新世　サイズ：体長1.5cm
母岩：珪藻土　　クリーニングの難易度：C
◎ケバエの仲間？　非常に保存のよい標本だ。

■昆虫化石（不明種）
分類：節足動物昆虫類
産地：長崎県壱岐郡芦辺町長者が原崎（壱岐島）
時代：第三紀中新世　サイズ：長さ9mm
母岩：珪藻土　　クリーニングの難易度：C
◎ケバエの仲間？

■昆虫化石(不明種)

分類：節足動物昆虫類
産地：長崎県壱岐郡芦辺町長者が原崎(壱岐島)
時代：第三紀中新世　　サイズ：体長1.2cm
母岩：珪藻土　　　　　クリーニングの難易度：C
◎ケバエの仲間？

■昆虫化石(不明種)

分類：節足動物昆虫類
産地：長崎県壱岐郡芦辺町長者が原崎(壱岐島)
時代：第三紀中新世　　サイズ：体長1.1cm
母岩：珪藻土　　　　　クリーニングの難易度：C
◎この産地では、かなりの確率で昆虫化石が産出する。

壱岐の海岸。珪藻土の地層が一帯に分布し、たくさんの化石が産出する(淡水性)。

海岸の転石。転石は波で摩耗し、縞模様のある小石になる。この中からも化石は産出するが、乾燥させてからのほうが割りやすい。

九州　新生代

九州 新生代

■イキウス
分類：脊椎動物硬骨魚類
産地：長崎県壱岐郡芦辺町長者が原崎（壱岐島）
時代：第三紀中新世　サイズ：長さ13cm
母岩：珪藻土　クリーニングの難易度：C
◎コイ科の魚。

■ヘミクルター
分類：脊椎動物硬骨魚類
産地：長崎県壱岐郡芦辺町長者が原崎（壱岐島）
時代：第三紀中新世　サイズ：体長12cm
母岩：珪藻土　クリーニングの難易度：C
◎コイ科の魚。

■オヤニラミ

分類：脊椎動物硬骨魚類	産地：長崎県壱岐郡芦辺町長者が原崎（壱岐島）	時代：第三紀中新世
サイズ：長さ25cm	母岩：珪藻土	クリーニングの難易度：C

◎大型の魚。

■ 魚類化石（不明種）

分類：脊椎動物硬骨魚類	産地：長崎県壱岐郡芦辺町長者が原崎（壱岐島）	時代：第三紀中新世
サイズ：体長10cm	母岩：珪藻土	クリーニングの難易度：C

◎壱岐の魚化石は非常に保存がよい。

■ 魚類化石（不明種）

分類：脊椎動物硬骨魚類		
産地：長崎県壱岐郡芦辺町長者が原崎（壱岐島）		
時代：第三紀中新世		サイズ：体長12cm
母岩：珪藻土		クリーニングの難易度：C

◎魚の化石は1時間に1体という高い確率で産出した。

■ ハゼ科の魚類？（不明種）

分類：脊椎動物硬骨魚類		
産地：長崎県壱岐郡芦辺町長者が原崎（壱岐島）		
時代：第三紀中新世		サイズ：頭の左右2cm
母岩：珪藻土		クリーニングの難易度：C

◎普通の魚は側面が印象として残るものだが、この標本は上面が印象となっているのでハゼ科の魚であろうと思われる。

九州 新生代

九州

新生代

クリーニングのポイント6
タガネワーク2

クリーニング前……石を割っていると魚の尻尾が見えた。

クリーニングの途中……平タガネを使い，魚の向きと形を想像しながら削っていく。

クリーニングの完了……周囲をきれいにして完了。

クリーニングの途中……全体像が現れる。

壱岐の化石の母岩は非常に軟らかいので，平タガネを使って徐々に削っていく。全体の形を整えるときは，ハンマーを使って割るよりもカッターナイフで削った方がやりやすい。母岩は乾燥すると剥がれやすく，そのままでは標本が台なしになることがある。それを防ぐために，木工用のボンドを薄く水にとき，石に染みこませるようにして塗布するといい。

■マツモ
分類：被子植物双子葉類
産地：長崎県壱岐郡芦辺町長者が原崎（壱岐島）

時代：第三紀中新世	サイズ：写真の左右20cm
母岩：珪藻土	クリーニングの難易度：C

◎水草の化石は非常に多い。

■マツモ
分類：被子植物双子葉類
産地：長崎県壱岐郡芦辺町長者が原崎（壱岐島）

時代：第三紀中新世	サイズ：長さ7cm
母岩：珪藻土	クリーニングの難易度：C

◎先端部分。

■カエデ（学名：アーサー）
分類：被子植物双子葉類
産地：長崎県壱岐郡芦辺町長者が原崎（壱岐島）
時代：第三紀中新世
サイズ：幅9cm
母岩：珪藻土
クリーニングの難易度：C

◎見事な保存状態だ。

九州　新生代

九州 新生代

■カエデ類の種子（学名：アーサー）

分類：被子植物双子葉類	
産地：長崎県壱岐郡芦辺町長者が原崎（壱岐島）	
時代：第三紀中新世	サイズ：長さ3.5cm
母岩：珪藻土	クリーニングの難易度：C

◎大きな種類。

■カエデ類の種子（学名：アーサー）

分類：被子植物双子葉類	
産地：長崎県壱岐郡芦辺町長者が原崎（壱岐島）	
時代：第三紀中新世	サイズ：長さ1.5cm
母岩：珪藻土	クリーニングの難易度：C

◎壱岐ではカエデ類の種子がたくさん産出する。

■カエデ類の種子（学名：アーサー）

分類：被子植物双子葉類	
産地：長崎県壱岐郡芦辺町長者が原崎（壱岐島）	
時代：第三紀中新世	サイズ：長さ1cm
母岩：珪藻土	クリーニングの難易度：C

◎連結した標本。

■フウ（学名：リクイダンバー）

分類：被子植物双子葉類	
産地：長崎県壱岐郡芦辺町長者が原崎（壱岐島）	
時代：第三紀中新世	サイズ：長さ/cm
母岩：珪藻土	クリーニングの難易度：C

◎温暖な気候に育つ台島型植物群の一つ。

■植物（不明種）

分類：被子植物双子葉類	
産地：長崎県壱岐郡芦辺町長者が原崎（壱岐島）	
時代：第三紀中新世	サイズ：長さ7cm
母岩：珪藻土	クリーニングの難易度：C

◎壱岐のこの産地は魚の化石が有名だが，植物化石も多産するので重要である。

■ネムノキ

分類：被子植物双子葉類	
産地：長崎県壱岐郡芦辺町長者が原崎（壱岐島）	
時代：第三紀中新世	サイズ：長さ3.5cm
母岩：珪藻土	クリーニングの難易度：C

■植物（不明種）

分類：被子植物双子葉類	
産地：長崎県壱岐郡芦辺町長者が原崎（壱岐島）	
時代：第三紀中新世	サイズ：長さ9cm
母岩：珪藻土	クリーニングの難易度：C

■植物（不明種）

分類：被子植物双子葉類	
産地：長崎県壱岐郡芦辺町長者が原崎（壱岐島）	
時代：第三紀中新世	サイズ：長さ3cm
母岩：珪藻土	クリーニングの難易度：C

九州　新生代

九州 新生代

■豆科の植物（不明種）
分類：被子植物双子葉類	
産地：長崎県壱岐郡芦辺町長者が原崎（壱岐島）	
時代：第三紀中新世	サイズ：長さ5cm
母岩：珪藻土	クリーニングの難易度：C

◎豆のサヤの化石。

■種子（不明種）
分類：被子植物	
産地：長崎県壱岐郡芦辺町長者が原崎（壱岐島）	
時代：第三紀中新世	サイズ：長さ9mm
母岩：珪藻土	クリーニングの難易度：C

◎種子化石も多産するが見過ごしやすい。

■種子（不明種）
分類：被子植物	
産地：長崎県壱岐郡芦辺町長者が原崎（壱岐島）	
時代：第三紀中新世	サイズ：長さ3cm
母岩：珪藻土	クリーニングの難易度：C

◎笠に棘がある。

■植物（不明種）
分類：被子植物	
産地：長崎県壱岐郡芦辺町長者が原崎（壱岐島）	
時代：第三紀中新世	サイズ：長さ5cm
母岩：珪藻土	クリーニングの難易度：C

付録

1 地質時代と生き物の盛衰
2 全国の主な化石産地・産出化石
3 全国の化石を展示している博物館
4 時代別索引（地図付）
5 採集装備

付録

1 地質時代と生き物の盛衰

地質時代	先カンブリア時代	カンブリア紀
絶対年数（単位万年）	←地球の誕生 約46億年前	57000
期　　　間（単位万年）	←生命の誕生 約30億年前	6000

	[主な化石の分類]	[主な化石]			
無脊椎動物	紡錘虫類	（フズリナ）	—		
	放散虫類	（放散虫）	—		━━
	古杯動物	（古杯類）	—		━━
	海綿動物	（海綿）	—	‥	━━
	床板サンゴ類	（蜂の巣サンゴ，鎖サンゴ）	—		
	四射サンゴ類	（貴州サンゴ，ワーゲノフィルム）	—		
	六射サンゴ類	（センスガイ，キクメイシ）	—		
	蘚虫動物	（フェネステラ）	—		‥
	腕足動物	（シャミセンガイ，ホオズキガイ）	—	‥	━━
	腹足類	（オキナエビス，ツリテラ）	—		
	掘足類	（ツノ貝）	—		
	斧足類	（ホタテガイ，キララガイ）	—		‥
	オウム貝類	（直角石，キマトセラス）	—		━
	菊石類	（ゴニアタイト，アンモナイト）	—		
	環形動物	（ミミズ，ゴカイ）	—	‥	━━
	三葉虫類	（ファコプス，フィリップシア）	—		━━
	甲殻類	（介形虫，カニ，エビ，シャコ）	—		
	昆虫類	（ハチ，アリ，トンボ，ゴキブリ）	—		
	ウミユリ類	（ウミユリ，ウミツボミ）	—		‥
	ウニ類	（キダリス，カシパンウニ）	—		‥
	筆石類	（フデイシ）	—		━━
	コノドント	（コノドント）	—	‥	━━
脊椎動物	無顎類	（ヤツメウナギ）	—		
	板皮類	（甲冑魚）	—		
	棘魚類	（棘魚）	—		
	硬骨魚類	（シーラカンス）	—		
	軟骨魚類	（サメ，エイ）	—		
	両生類	（カエル）	—		
	爬虫類	（恐竜，ワニ，ヘビ）	—		
	鳥類	（ペンギン）	—		
	哺乳類	（アシカ，クジラ，ゾウ，ヒト）	—		
植物	菌類	（カビ，キノコ）	—	‥	━━
	羊歯植物	（ウラジロ，スギナ）	—		
	裸子植物	（ソテツ，イチョウ，マツ，スギ）	—		
	被子植物	（ブナ，カエデ）	—		

古　生　代					中　生　代			新生代	
オルドビス紀	シルル紀	デボン紀	石炭紀	ペルム紀	三畳紀	ジュラ紀	白亜紀	第三紀	第四紀
51000	43900	40900	36300	29000	24500	20800	14600	6500	175
7100	3000	4600	7300	4500	3700	6200	8100	6325	175

					古第三紀		新第三紀		第四紀	
					暁新世	始新世	漸新世	中新世	鮮新世	更新世	完新世

2 全国の主な化石産地・産出化石

産地	時代	産出化石
北海道		
稚内市東浦, 清浜, 泊内, 豊岩, 宗谷岬	白亜紀	アンモナイト, 貝類, ウニ, 植物
稚内市宗谷岬, 抜海	新第三紀	貝類, ウニ, サメの歯, サンゴ, 魚類
稚内市曲淵	新第三紀	植物
枝幸郡中頓別町北沢, 松音知, 敏音知	白亜紀	アンモナイト, 貝類, ウニ
枝幸郡歌登町上徳志別	新第三紀	哺乳類, 貝類
宗谷郡猿払村上猿払セキタンベツ川	白亜紀	アンモナイト, 貝類
中川郡音威子府村上音威子府	白亜紀	アンモナイト, 貝類
中川郡中川町佐久, 安平志内川	白亜紀	アンモナイト, 貝類
天塩郡豊富町	新第三紀	貝類, カニ
天塩郡天塩町左沢	新第三紀	貝類
天塩郡幌延町問寒別	新第三紀	貝類
天塩郡遠別町ウッツ川, ルベシ沢	白亜紀	アンモナイト, 貝類, 獣骨
天塩郡遠別町遠別海岸, 遠別川	新第三紀	貝類, 哺乳類
苫前郡初山別村豊岬	新第三紀	魚類, ウニ, 哺乳類, 鰭脚類
苫前郡羽幌町羽幌川	白亜紀	アンモナイト, 貝類, サメの歯, 獣骨
苫前郡羽幌町羽幌川, 曙	新第三紀	貝類, 哺乳類
苫前郡苫前町古丹別川	白亜紀	アンモナイト, オウム貝, 貝類, サメの歯, 獣骨
苫前郡苫前町古丹別川	新第三紀	貝類
留萌郡小平町小平蘂川	白亜紀	アンモナイト, 貝類, サメの歯, 獣骨
留萌市海岸	新第三紀	貝類
紋別郡遠軽町社名淵	新第三紀	植物
常呂郡留辺蘂町大富, 留辺蘂	新第三紀	植物
常呂郡端野町忠志	新第三紀	貝類
北見市相の内橋	新第三紀	貝類, ウニ, 哺乳類, サメの歯
北見市相の内	ジュラ紀	層孔虫, 石灰藻, ウニ
北見市若松沢	古第三紀	植物, 昆虫
網走郡美幌町栄森	新第三紀	貝類
目梨郡羅臼町化石浜	新第三紀	貝類
根室市ノッカマップ	白亜紀	アンモナイト, 貝類, 魚類
厚岸郡浜中町奔幌戸, 琵琶瀬	白亜紀	アンモナイト, 貝類, 腕足類
厚岸郡厚岸町アイカップ岬	白亜紀	アンモナイト
阿寒郡阿寒町飽別	新第三紀	サメの歯
白糠郡白糠町中庶路	古第三紀	植物
白糠郡白糠町上茶路	古第三紀	貝類, サンゴ
白糠郡音別町尺別	新第三紀	貝類
十勝郡浦幌町浦幌, オコッペ沢	新第三紀	貝類, 哺乳類
足寄郡足寄町茂螺湾	新第三紀	哺乳類
中川郡本別町本別川	新第三紀	貝類, ウニ
中川郡幕別町札内, 中里	新第三紀	サメの歯, 貝類
河東郡上士幌町糠平	新第三紀	植物, 昆虫
広尾郡忠類村	第四紀	哺乳類

付録 2 全国の主な化石産地・産出化石

勇払郡穂別町シサヌシベ川	白亜紀	アンモナイト, 貝類
勇払郡占冠村双朱別川	ジュラ紀	有孔虫, 貝類
勇払郡占冠村金山峠	白亜紀	アンモナイト
空知郡南富良野町金山石灰沢	ジュラ紀	サンゴ, 層孔虫, 石灰藻, 貝類
空知郡南富良野町金山	白亜紀	アンモナイト
空知郡栗沢町美流渡	古第三紀	貝類
雨竜郡北竜町恵岱別川	新第三紀	貝類, ウニ
雨竜郡沼田町幌新太刀別川, 浅野	新第三紀	貝類, フジツボ, 哺乳類, 植物
樺戸郡新十津川町幌加川, 白利加川	新第三紀	貝類, ウニ
石狩郡当別町青山中央	新第三紀	貝類
厚田郡厚田村望来海岸, 厚田海岸	新第三紀	貝類, ウニ, 哺乳類, 植物
三笠市幾春別川	白亜紀	アンモナイト, 貝類, サメの歯, 爬虫類
芦別市サキペンベツ川	新第三紀	植物
芦別市芦別川	白亜紀	アンモナイト, 貝類
美唄市盤の沢	古第三紀	植物
夕張市夕張川	古第三紀	魚類
夕張市冷水山	古第三紀	植物
夕張市函淵	白亜紀	植物, エビ
夕張市大夕張	白亜紀	アンモナイト, 貝類
夕張郡栗山町角田	古第三紀	植物
沙流郡平取町アベツ川	白亜紀	アンモナイト
浦河郡浦河町元浦河ポロナイ沢	古第三紀	蘚虫
浦河郡浦河町井寒台	白亜紀	アンモナイト, 貝類, ウニ
幌泉郡襟裳町襟裳小越	第四紀	哺乳類
山越郡長万部町紋別川	新第三紀	貝類
寿都郡黒松内町中の川	新第三紀	魚類
瀬棚郡今金町美利加, 花石, 珍古辺	新第三紀	貝類, 腕足類, 海綿, サンゴ, 魚類, 哺乳類
瀬棚郡瀬棚町虻羅	新第三紀	植物, 昆虫
瀬棚郡瀬棚町最内沢, 豊岡	第四紀	貝類
檜山郡北檜山町太櫓川	新第三紀	哺乳類, 魚類
檜山郡厚沢部町館町, 佐助沢	新第三紀	貝類, 哺乳類, 植物
檜山郡上ノ国町木の子	新第三紀	植物
爾志郡熊石町平田内	新第三紀	植物
松前郡福島町吉岡	新第三紀	植物, 魚類
上磯郡知内町知内川	新第三紀	貝類

青森県

下北郡東通村尻屋崎	ジュラ紀	サンゴ, 層孔虫
下北郡東通村尻屋崎	第四紀	哺乳類
下北郡東通村砂子又	新第三紀	貝類, 腕足類, ウニ, 魚類
北津軽郡市浦村桂川, 山王沢	古〜新第三紀	貝類
西津軽郡深浦町田野沢, 北金が沢, 追立沢, 上晴山	新第三紀	貝類, 腕足類, ウニ, 魚類, 哺乳類, 有孔虫
西津軽郡鰺ヶ沢町一ツ森	新第三紀	貝類, 腕足類, ウニ, 魚類, 哺乳類
中津軽郡相馬村藤倉川	新第三紀	植物
中津軽郡西目屋村砂子瀬	新第三紀	貝類
南津軽郡浪岡町大釈迦	新第三紀	貝類, 腕足類, ウニ, 魚類, カニ
南津軽郡平賀町尾崎	新第三紀	貝類, 腕足類, ウニ, 魚類, カニ
黒石市大川原	新第三紀	貝類, 腕足類, 魚類, フジツボ
弘前市東目屋久国吉	新第三紀	貝類, 腕足類, ウニ
三戸郡名川町剣吉	新第三紀	貝類

261

岩手県

産地	時代	化石
二戸市湯田, 大萩野, 繋	新第三紀	貝類, 腕足類, ウニ, 魚類, 植物
二戸郡一戸町楢山	新第三紀	貝類, 腕足類, ウニ, 魚類, 植物
二戸郡安代町田山	新第三紀	植物
岩手郡雫石町舛沢, 御所	新第三紀	植物
北上市和賀町横川目, 菱内, 仙人, 本畑, 夏油	新第三紀	貝類, 魚類, 植物
和賀郡湯田町柳沢, 細内, 野の宿	新第三紀	植物
和賀郡湯田町湯本, 川尻	新第三紀	貝類
江刺市岩谷堂人首川河床	新第三紀	貝類
一関市下黒沢, 鈞山	新第三紀	貝類
西磐井郡花泉町油島	新第三紀	貝類
西磐井郡平泉町鼠沢	新第三紀	貝類, サメの歯
久慈市門の沢, 大芦, 日陰	白亜紀	植物
久慈市滝の沢, 大畑, 国丹	白亜紀	アンモナイト, 貝類, 植物
下閉伊郡田野畑村羅賀, 平井賀, ハイペ	白亜紀	アンモナイト, ウニ, 貝類, サンゴ, 有孔虫, ウミユリ, ベレムナイト
下閉伊郡岩泉町小本茂師	白亜紀	アンモナイト, ウニ, 貝類, サンゴ
大船渡市日頃市町大森, 鬼丸, 長安寺	石炭紀	サンゴ, 腕足類, 三葉虫, 蘚虫
大船渡市日頃市町樋口沢	シルル紀	サンゴ, 腕足類, 三葉虫
	デボン紀	三葉虫, 直角石, 貝類, サンゴ
	石炭紀	サンゴ, 三葉虫, 貝類, 腕足類, 蘚虫
気仙郡住田町犬頭山	石炭紀	サンゴ
気仙郡住田町下有住, 柏里	石炭紀	腕足類, サンゴ, ウミユリ, 貝類, 三葉虫, 蘚虫, アンモナイト
気仙郡住田町叶倉山	ペルム紀	フズリナ, 腕足類, 貝類, アンモナイト
陸前高田市雪沢	石炭紀	サンゴ, 三葉虫
陸前高田市飯森	ペルム紀	サンゴ, 三葉虫, 腕足類, 貝類
陸前高田市大平山東方, 小坪の沢	石炭紀	サンゴ, 三葉虫, 腕足類, ウミユリ, 貝類, 蘚虫
東磐井郡東山町鳶が森, 夏山, 横沢	デボン紀	腕足類, 貝類, 植物, 蘚虫, サンゴ, ウミユリ, 三葉虫, アンモナイト
東磐井郡東山町粘土山	デボン紀	三葉虫, 腕足類

宮城県

産地	時代	化石
気仙沼市上八瀬, 鹿折	ペルム紀	三葉虫, 腕足類, サンゴ, 貝類, 蘚虫, ウニ, フズリナ, ウミユリ
気仙沼市大島磯草, 若木浜	ジュラ紀	貝類, アンモナイト
気仙沼市岩井崎	ペルム紀	フズリナ, サンゴ, 腕足類, 蘚虫
気仙沼市大島磯草, 長崎	白亜紀	アンモナイト, 貝類, サンゴ
本吉郡唐桑町綱木坂, 夜這道峠	ジュラ紀	アンモナイト, 貝類, ベレムナイト, 植物
本吉郡唐桑町舞根	ジュラ紀	植物
本吉郡本吉町大沢海岸	三畳紀	アンモナイト, 植物
本吉郡歌津町館ノ沢, 田浦, 韮の浜, 中在	三畳紀	アンモナイト, 貝類, 腕足類, ウミユリ, 爬虫類
本吉郡歌津町韮の浜, 中在	ジュラ紀	アンモナイト, ベレムナイト, 貝類
本吉郡志津川町津の宮, 荒砥, 袖浜	三畳紀	アンモナイト
登米郡東和町米谷	ペルム紀	貝類, 腕足類, 植物, 三葉虫
桃生郡雄勝町荒	三畳紀	爬虫類
桃生郡北上町小戸部沢, 泉沢, 追波	ジュラ紀	アンモナイト, 貝類, ベレムナイト, 植物
牡鹿郡牡鹿町鮎川南沢, 網地島横根	白亜紀	アンモナイト, 貝類, 腕足類
牡鹿郡牡鹿町大谷川, 小綱倉	ジュラ紀	植物, アンモナイト
牡鹿郡女川町小乗	三畳紀	アンモナイト, 貝類

産地	時代	産出化石
仙台市竜ノ口, 助郷, 綱木, 茂庭, 北赤石, 高田, 七北田, 松森, 秋保町穴戸沢, 湯元, 奥武士	新第三紀	貝類, 腕足類, ウニ, カニ, 魚類, 哺乳類, 植物, サンゴ
石巻市田代島, 三石	白亜紀	アンモナイト, 貝類, 腕足類
石巻市荻の浜, 有田浜, 小積	ジュラ紀	アンモナイト, 貝類, 植物
石巻市井内	三畳紀	アンモナイト, 貝類, 植物, 爬虫類
亘理郡亘理町神宮寺字山入	新第三紀	貝類, サメの歯
名取市今成	新第三紀	貝類
遠田郡涌谷町貝坂, 中野	新第三紀	貝類, 腕足類, ウニ, サメの歯
遠田郡田尻町加護峰, 小塩	新第三紀	貝類, カニ, 植物
加美郡宮崎町寒風沢	新第三紀	貝類
加美郡小野田町筒砂子川	新第三紀	貝類, 腕足類
黒川郡大和町大堤	新第三紀	貝類, 腕足類
塩竈市東塩竈	新第三紀	貝類, 植物
宮城郡松島町網尻	新第三紀	貝類, 植物
宮城郡利府町利府, 浜田	三畳紀	貝類, アンモナイト
柴田郡大河原町	新第三紀	貝類
柴田郡柴田町入間田	新第三紀	貝類
柴田郡村田町村田IC近く	第四紀	珪化木
刈田郡七ヶ宿町横川	新第三紀	植物

秋田県

産地	時代	産出化石
男鹿市鵜の崎, 台島, 小浜, 西黒沢	新第三紀	貝類, 海綿, サンゴ, ウニ, 植物
男鹿市脇本, 田谷沢, 安田	新第三紀	貝類, ウニ, 腕足類, 哺乳類
能代市鶴形	新第三紀	魚類
山本郡二ツ井町荷揚場	新第三紀	貝類, ウニ
山本郡藤里町寺沢, 鳥谷場, 茱萸の木	新第三紀	貝類, ウニ
北秋田郡鷹巣町摩当, 脇神	第四紀	植物
北秋田郡阿仁町阿仁合, 根子, 荒瀬	新第三紀	植物, 貝類
秋田市黒沢, 皿見内, 下新城	新第三紀	貝類, 腕足類, ウニ
南秋田郡昭和町槻の木	第四紀	哺乳類
河辺郡河辺町田屋, 岩見三内	新第三紀	貝類, 腕足類, ウニ
仙北郡西木村上檜木内	新第三紀	植物, 昆虫
本荘市万願寺, 土谷, 薬師寺	新第三紀	貝類, ウニ, 腕足類
由利郡東由利町須郷田, 田代	新第三紀	貝類, 腕足類, 海綿, 植物, 珪化木
雄勝郡羽後町軽井沢	新第三紀	貝類, 腕足類, 植物
雄勝郡皆瀬村黒沢川	新第三紀	植物, 昆虫
平鹿郡山内村上黒沢, 筏, 南郷	新第三紀	貝類, 腕足類
湯沢市高松	新第三紀	植物, 昆虫

山形県

産地	時代	産出化石
最上郡金山町主寝坂	新第三紀	貝類, ウニ, 海綿
最上郡鮭川村中渡, 段の下, 真木, 羽根沢	新第三紀	貝類, 腕足類, ウニ
最上郡最上町赤倉温泉	新第三紀	植物, 昆虫
最上郡戸沢村野口, 古口	新第三紀	貝類, ウニ
最上郡大蔵村滝の沢	新第三紀	貝類, ウニ
新庄市前波, 本合海	新第三紀	貝類, 腕足類, ウニ
飽海郡平田町丸山	新第三紀	貝類
飽海郡八幡町升田	新第三紀	貝類
尾花沢市銀山温泉	新第三紀	貝類
西村山郡朝日町大谷	新第三紀	貝類, ウニ

付録 2 全国の主な化石産地・産出化石

西村山郡大江町三郷	新第三紀	貝類, ウニ
西村山郡大江町左沢	新第三紀	植物
西村山郡西川町大井沢	新第三紀	貝類, 植物, 有孔虫
東田川郡朝日村田麦俣	新第三紀	貝類
西田川郡温海町田川炭鉱, 安土	新第三紀	貝類, 植物, 魚類
鶴岡市草井谷, 油戸	新第三紀	植物
西置賜郡飯豊町高峯, 手の子沢	新第三紀	植物
西置賜郡飯豊町宇津峠	新第三紀	貝類
西置賜郡小国町沖庭, 台地	新第三紀	植物
東置賜郡高畠町上和田	新第三紀	植物, 昆虫

福島県

相馬市富沢	ジュラ紀	アンモナイト, 貝類, サンゴ, サメの歯
相馬郡鹿島町皆原, 安倉沢, 小池	ジュラ紀	アンモナイト, 貝類, サンゴ, サメの歯
相馬郡鹿島町上栃窪	デボン紀	腕足類
相馬郡小高町塚原	第四紀	貝類
伊達郡桑折町半田	新第三紀	植物
双葉郡浪江町小野田, 高倉	新第三紀	貝類
双葉郡楢葉町立石	新第三紀	貝類
双葉郡楢葉町木戸, 小塙作	古第三紀	貝類
双葉郡広野町館, 土ヶ目木, 下北迫	古第三紀	貝類
双葉郡広野町二本榎, 北沢, 南沢	白亜紀	アンモナイト, 貝類, サメの歯, 腕足類
双葉郡広野町二つ沼	新第三紀	貝類, サメの歯
いわき市小山田, 黒田, 白岩, 前原	古第三紀	貝類
いわき市高倉山	ペルム紀	三葉虫, フズリナ, サンゴ, 腕足類, 植物, 貝類
いわき市湯本	新第三紀	植物, 貝類
いわき市小野, 小山	新第三紀	貝類, 植物, 哺乳類
いわき市足沢, 入間沢	白亜紀	アンモナイト, 貝類, サメの歯, 爬虫類
東白川郡棚倉町豊岡, 岡田, 上豊	新第三紀	貝類, 腕足類, フジツボ, サメの歯
東白川郡矢祭町打川, 小坂	新第三紀	植物
東白川郡塙町西河内	新第三紀	貝類
岩瀬郡岩瀬村守屋	新第三紀	貝類, ウニ, 植物, サメの歯
郡山市河内	新第三紀	貝類, ウニ, 植物, サメの歯
白河市常豊	新第三紀	貝類, 腕足類
西白河郡西郷村西郷	新第三紀	貝類, 腕足類
耶麻郡北塩原村新田	新第三紀	貝類, 腕足類, フジツボ, ウニ
耶麻郡高郷村塩坪	新第三紀	貝類, 植物
耶麻郡山都町白子, 洲谷	新第三紀	植物
河沼郡会津坂下町真木, 長井, 大沼	新第三紀	植物
河沼郡柳津町藤峠	新第三紀	貝類, 植物
喜多方市上三富	新第三紀	貝類, 植物

茨城県

北茨城市平潟町長浜, 大津町五浦, 華川町臼場	新第三紀	貝類, ウニ, サメの歯, カニ
北茨城市中郷町松井, 石打場, 関本町	古第三紀	貝類, ウニ, 腕足類, 蘚虫
日立市浜の宮, 鶴首岬, 初崎	新第三紀	貝類, ウニ, 腕足類, 蘚虫, サメの歯
日立市杉本	石炭紀	サンゴ, 腕足類
高萩市上手網, 南中郷	古第三紀	貝類
久慈郡大子町上金沢, 大草, 近町	新第三紀	植物
久慈郡大子町浅川, 芦野倉, 戸中	新第三紀	貝類

久慈郡金砂郷町大平	新第三紀	貝類, ウニ
那珂郡瓜連町玉川	新第三紀	貝類
那珂郡山方町照田, 櫃沢	新第三紀	植物
那珂郡山方町釜額	新第三紀	貝類
那珂郡大宮町世喜	新第三紀	サメの歯
那珂郡那珂町木崎	新第三紀	サメの歯
ひたちなか市平磯, 磯谷	白亜紀	アンモナイト, 貝類, ウニ, サメの歯
東茨城郡大洗町祝町	白亜紀	植物
水戸市赤塚	第四紀	貝類
行方郡玉造町手賀	第四紀	貝類, ウニ
行方郡北浦村山田	第四紀	貝類, 植物, 哺乳類
稲敷郡阿見町島津	第四紀	貝類, ウニ, フジツボ
稲敷郡美浦村古屋, 馬掛	第四紀	貝類
筑波郡伊奈町城中	第四紀	貝類, ウニ
常陸太田市西山公園	新第三紀	貝類, サメの歯, 植物
水海道市玉台橋, 滝下橋	第四紀	貝類
鹿嶋市奈良毛	第四紀	貝類, 植物

栃木県

那須郡塩原町上塩原	第四紀	植物, 昆虫, 魚類, 両生類
那須郡塩原町鹿股沢, 関谷, 大久保, 熊の平	新第三紀	貝類, 腕足類, サンゴ, ウニ, サメの歯, 植物
那須郡馬頭町下郷	新第三紀	貝類, ウニ
那須郡小川町吉田	新第三紀	貝類, ウニ
矢板市高塩, 幸岡	新第三紀	貝類, 腕足類, サメの歯, 植物
矢板市赤滝	第四紀	植物
宇都宮市人曽八幡山	新第三紀	貝類, 植物, ウニ
芳賀郡市貝町続谷, 塩田	新第三紀	貝類, ウニ
芳賀郡益子町道祖土	第四紀	植物
安蘇郡葛生町鍋山, 門の沢, 唐沢, 山菅	ペルム紀	フズリナ, 腕足類, ウミユリ

群馬県

利根郡水上町利根川上流裂褶俊沢	三畳紀	貝類
利根郡白沢村岩室	ジュラ紀	植物
沼田市薄根川	第四紀	植物, 貝類
吾妻郡中之条町折田	新第三紀	魚類, 貝類, 甲殻類, 植物
桐生市蛇留淵	ペルム紀	三葉虫
勢多郡黒保根村八木原, 高楢	ペルム紀	貝類, 腕足類, サンゴ, ウミユリ, フズリナ
高崎市観音山, 姥山	新第三紀	貝類, 植物
安中市宮ノ入, 笹原, 下笹間, 水境	新第三紀	貝類, 植物
富岡市桑原	新第三紀	貝類, 植物
甘楽郡南牧村兜岩	新第三紀	植物, 昆虫, 両生類
甘楽郡下仁田町白井平, 高立	新第三紀	貝類
碓氷郡松井田町坂本	新第三紀	貝類, サメの歯
多野郡吉井町花表	新第三紀	貝類, 植物
多野郡中里村瀬林, 八幡沢, 間物沢	白亜紀	アンモナイト, 貝類, ウニ, 植物
多野郡中里村叶山	ペルム紀	フズリナ
多野郡上野村白井, 坂下	白亜紀	アンモナイト, 貝類, 腕足類
多野郡上野村塩の沢	三畳紀	貝類

付録2 全国の主な化石産地・産出化石

埼玉県

産地	時代	化石
秩父郡小鹿野町坂本, 日影沢, 奇妙沢	白亜紀	アンモナイト, 貝類, ウニ, 蘚虫
秩父郡小鹿野町二子山	石炭紀	フズリナ
秩父郡小鹿野町ヨウバケ	新第三紀	貝類, サメの歯, ウニ, カニ, 魚類, 哺乳類
秩父郡吉田町上吉田	新第三紀	貝類, サメの歯, ウニ, カニ, 魚類, 哺乳類
秩父郡皆野町野巻, 前原	新第三紀	貝類, サメの歯, ウニ, カニ, 魚類, 哺乳類
秩父郡両神村小森	新第三紀	貝類, サメの歯, ウニ, カニ, 魚類, 哺乳類
秩父郡横瀬町上横瀬	新第三紀	貝類, サンゴ, 有孔虫, 石灰藻
秩父郡荒川村中川	新第三紀	貝類, サンゴ, 有孔虫, 石灰藻
秩父郡大滝村バラクチ尾根	ジュラ紀	層孔虫, サンゴ
秩父市木毛	新第三紀	貝類, サンゴ, 有孔虫, 石灰藻
大里郡寄居町小前田, 立ヶ瀬, 小園	新第三紀	貝類
比企郡小川町笠原, 靭負, 飯田	新第三紀	貝類, 植物
比企郡嵐山町大蔵, 鎌杉	新第三紀	貝類, 植物, サンゴ, サメの歯
東松山市葛袋, 神戸	新第三紀	貝類, サンゴ, サメの歯, 石灰藻, 植物
飯能市吾野, 下久通	ペルム紀	フズリナ, サンゴ, ウミユリ, 石灰藻
入間市仏子	新第三紀	植物, 貝類, 哺乳類

千葉県

産地	時代	化石
安房郡鋸南町元名	新第三紀	貝類, サンゴ, サメの歯, ウニ
富津市不動岩	新第三紀	貝類, サンゴ, サメの歯, ウニ
銚子市愛宕山高神	ペルム紀	サンゴ, 層孔虫, 腕足類, ウミユリ
銚子市外川, 犬吠埼, 海鹿島	白亜紀	アンモナイト, 貝類, 植物
銚子市長崎町長崎鼻	新第三紀	貝類, 腕足類, サンゴ, サメの歯, 哺乳類, 魚類
銚子市椎柴, 常世田	第四紀	貝類, 腕足類
香取郡下総町猿山	第四紀	貝類, 腕足類, 哺乳類
香取郡大栄町前林, 奈土, 中野	第四紀	貝類, 腕足類, 哺乳類
香取郡多古町多古, 割田, 林	第四紀	貝類, 腕足類, 哺乳類
千葉市花見川区横戸花見川河岸	第四紀	貝類, カニ, ウニ, 蘚虫
東葛飾郡沼南町布瀬	第四紀	貝類, ウニ
八日市場市八日市場, 中貫	第四紀	貝類
匝瑳郡野栄町篠本, 新井	第四紀	貝類
市原市瀬又, 万田野	第四紀	貝類, サンゴ, ウニ, 哺乳類
茂原市阿久川鉄橋下流	第四紀	貝類
夷隅郡岬町太東崎	第四紀	貝類
君津市市宿, 鎌滝, 追込	第四紀	サメの歯, 鰭脚類, 貝類, サンゴ, ヒトデ, ゾウ
君津市小櫃川流域	新第三紀	貝類, 腕足類, サンゴ, ウニ, フジツボ
木更津市桜井, 祇園, 太田山, 不入斗, 真里谷	第四紀	貝類, サンゴ, 腕足類, ウニ, カニ, サメの歯
袖ヶ浦市上泉	第四紀	サメの歯
印西市木下	第四紀	貝類, 腕足類, サンゴ, ウニ, フジツボ
印旛郡印旛村吉高	第四紀	貝類, サンゴ, 腕足類, ウニ, カニ, フジツボ
富津市長浜, 宝竜寺	第四紀	貝類, サメの歯
館山市沼, 香谷, 平久里川	第四紀	貝類, サンゴ, サメの歯

東京都

産地	時代	化石
青梅市柚木, 成木, 小曾木	ペルム紀	フズリナ, ウミユリ, 蘚虫, サンゴ, 石灰藻
青梅市二俣尾	三畳紀	アンモナイト, 蘚虫, 貝類
西多摩郡日の出町岩井	三畳紀	アンモナイト, 蘚虫, 貝類
あきる野市深沢, 樽	ジュラ紀	サンゴ, ウニ, 層孔虫, 海綿

あきる野市館谷, 天王沢	新第三紀	貝類, ウニ, 植物, カニ
あきる野市三ツ沢	石炭紀	腕足類, 蘚虫, 貝類, サンゴ, ウミユリ
小笠原村母島御幸之浜	古第三紀	有孔虫

神奈川県

横須賀市津久井	第四紀	サメの歯, 貝類, 腕足類
横浜市戸塚区長沼	第四紀	貝類
横浜市港北区菊名町, 新羽町	第四紀	貝類, フジツボ, 哺乳類
横浜市金沢区柴	新第三紀	貝類, 腕足類, ウニ
川崎市多摩区登戸, 飯室	新第三紀	貝類, 植物, 哺乳類
三浦市上宮田	第四紀	サメの歯, 貝類, 腕足類
足柄上郡山北町塩沢, 谷峨	新第三紀	貝類
南足柄市地蔵堂, はまぐり沢	新第三紀	貝類
足柄下郡箱根町須雲川, 二ノ戸沢	新第三紀	貝類
中郡大磯町西小磯	新第三紀	貝類
中郡大磯町虫窪	第四紀	貝類
中郡二宮町貝が窪, 中里	第四紀	貝類
愛甲郡清川村中津渓谷大沢滝, 落合	新第三紀	貝類, 有孔虫, 石灰藻
愛甲郡愛川町小沢	新第三紀	貝類
相模原市当麻	新第三紀	貝類
逗子市鐙摺, 桜山	新第三紀	貝類, サンゴ, サメの歯

山梨県

北巨摩郡白洲町教来石	第四紀	植物
北巨摩郡須玉町若神子新町	第四紀	植物
北都留郡上野原町八ノ沢, 嶋島	新第三紀	貝類, サンゴ, ウニ, サメの歯
北都留郡丹波山村青岩谷, 小袖	ジュラ紀	リンゴ, 層孔虫, 石灰藻
南都留郡西桂町古屋, 倉見	新第三紀	貝類, ウニ, サンゴ, サメの歯, 哺乳類, 植物
南都留郡秋山村桜井	新第三紀	有孔虫, サンゴ, 石灰藻
南都留郡河口湖町大石久保井	新第三紀	有孔虫, サンゴ, 石灰藻, 蘚虫
南巨摩郡鰍沢町十谷	新第三紀	植物, 貝類
南巨摩郡中富町遅沢, 夜子沢, 手打沢	新第三紀	貝類, サンゴ, ウニ
南巨摩郡南部町中畑, 北畑	新第三紀	貝類
大月市中初狩, 猿橋蛇骨沢, 林鳳山	新第三紀	貝類, カニ, サンゴ, サメの歯, 有孔虫, 石灰藻

新潟県

岩船郡朝日村黒田, 釜杭	新第三紀	貝類, 植物
岩船郡山北町雷	新第三紀	植物
東蒲原郡三川村新谷川上流	新第三紀	植物
東蒲原郡鹿瀬町鹿瀬	新第三紀	貝類
東蒲原郡上川村観音沢	新第三紀	植物
北蒲原郡笹神村魚岩	新第三紀	魚類
加茂市茗ヶ谷	新第三紀	貝類
栃尾市半蔵金	新第三紀	貝類
長岡市東山貝殻沢	新第三紀	貝類
小千谷市七滝	新第三紀	貝類, ウニ
三島郡出雲崎町久田, 上小木, 中永峠	新第三紀	貝類, 石灰藻, ウニ, 腕足類, 蘚虫
刈羽郡西山町灰爪	新第三紀	貝類, 石灰藻, ウニ, 腕足類, 蘚虫
柏崎市夏川谷	新第三紀	貝類, 石灰藻, ウニ, 腕足類, 蘚虫
佐渡郡佐和田町沢根	新第三紀	腕足類, 貝類, ウニ
佐渡郡相川町関	新第三紀	植物, 昆虫, 魚類

付録 2 全国の主な化石産地・産出化石

佐渡郡真野町西三川	新第三紀	貝類, ウニ, 石灰藻
上越市有間川	新第三紀	貝類, サメの歯
西頸城郡名立町名立信号所付近, 大菅	新第三紀	貝類
西頸城郡青海町電化工業石灰山	石炭紀・ペルム紀	フズリナ, 腕足類, 三葉虫, サンゴ, ウミユリ, ゴニアタイト, 蘚虫, 貝類
西頸城郡青海町上路しな谷	ジュラ紀	植物
糸魚川市小滝	ジュラ紀	植物
糸魚川市明星山	石炭紀・ペルム紀	フズリナ, サンゴ, 腕足類, 蘚虫

富山県

下新川郡朝日町大平川・寝入谷, 寺谷	ジュラ紀	アンモナイト, 腕足類, 貝類
上新川郡大沢野町葛原, 春日, 船倉	新第三紀	サメの歯, 貝類, 植物
上新川郡大山町有峰, 東坂森谷, 真川	ジュラ紀	貝類, アンモナイト, 植物
中新川郡上市町千石	白亜紀	植物
高岡市頭川, 笹岡口, 石堤	新第三紀	サメの歯, 貝類, 腕足類
婦負郡細入村猪の谷, 町長	白亜紀	植物
婦負郡八尾町桐谷	ジュラ紀	貝類, アンモナイト, ベレムナイト
婦負郡八尾町柚ノ木, 聞妙寺, 東坂下	新第三紀	貝類, 腕足類, 魚類
射水郡小杉町目の宮, 青井谷	第四紀	植物
氷見市朝日山	新第三紀	貝類, 腕足類, ウニ
小矢部市田川	新第三紀	貝類
西礪波郡福光町法林寺	新第三紀	貝類

石川県

珠洲市高屋, 木ノ浦, 狼煙	新第三紀	植物, 魚類, 昆虫
珠洲市平床, 正院	第四紀	貝類
珠洲市馬緤, 藤尾, 大谷	新第三紀	貝類, サンゴ
輪島市町野町徳成, 東印内	新第三紀	貝類, サンゴ, 有孔虫
輪島市塚田, 細屋, 輪島崎, 里	新第三紀	貝類, 腕足類, サメの歯, ウニ, 珪化木, 海綿
鹿島郡中島町上町, 上山田	新第三紀	植物
鹿島郡能登島町半ノ浦	新第三紀	貝類, 腕足類, サメの歯, ウニ
七尾市庵, 岩屋, 湯川, 栢戸, 松尾, 崎山	新第三紀	貝類, 腕足類, サメの歯, ウニ
鳳至郡穴水町前波	新第三紀	サメの歯
羽咋郡志賀町火打谷, 徳田	新第三紀	貝類, 海綿, サメの歯, 蘚虫
金沢市大桑, 角間, 浅川, 長江谷, 東市瀬	新第三紀	貝類, ウニ, 魚類, 哺乳類
金沢市卯辰山, 茅山	第四紀	植物, 哺乳類
金沢市俣町奥新保	新第三紀	植物
石川郡尾口村尾添, 瀬戸	白亜紀	貝類, 植物
石川郡白峰村桑島, 谷峠	白亜紀	植物, 昆虫
加賀市河南, 桂谷, 大聖寺, 直下	新第三紀	貝類, カニ, 植物

長野県

上水内郡信濃町野尻湖	第四紀	哺乳類, 植物
上水内郡鬼無里村十二平, 押切	新第三紀	貝類, ウニ, 腕足類, 蘚虫
上水内郡小川村下市場, 日影, 小根山	新第三紀	貝類, ウニ, サメの歯
上水内郡戸隠村下祖山, 坪山, 下楡木, 積沢	新第二紀	貝類, ウニ, 腕足類, 蘚虫
上水内郡信州新町長者山, 中尾	新第三紀	貝類, ウニ
上水内郡中条村栄, 下五十里, 大畠	新第三紀	貝類, ウニ
上水内郡豊野町観音山	第四紀	貝類
北安曇郡小谷村来馬, 土沢	ジュラ紀	植物, 貝類
北安曇郡小谷村雨中, 石原, 千国	新第三紀	貝類, 腕足類, ウニ

北安曇郡美麻村不須, 竹の川	新第三紀	貝類, ウニ
南安曇郡安曇村白骨	ペルム紀	フズリナ, サンゴ, ウミユリ, 貝類
南安曇郡豊科町上川手, 中川手	新第三紀	貝類, サメの歯
大町市北村カラ沢	ジュラ紀	植物
長野市坂中, 清水, 浅川, 深沢	新第三紀	貝類, ウニ, サメの歯
上田市別所, 伊勢山	新第三紀	魚類, 植物, 貝類
佐久市駒込, 脱水, 八重久保	新第三紀	貝類, ウニ, 腕足類, ヒトデ
佐久市内山大月	新第三紀	植物, 昆虫, 両生類
南佐久郡臼田町兜岩	新第三紀	植物, 昆虫, 両生類
南佐久郡佐久町石堂	白亜紀	貝類, アンモナイト, ウニ
飯田市千代	新第三紀	植物, 貝類, ウニ, カニ, フジツボ
東筑摩郡麻績村坊平	新第三紀	植物
東筑摩郡四賀村反町, 赤怒田, 穴沢	新第三紀	貝類, 魚類
東筑摩郡生坂村大地	新第三紀	貝類
東筑摩郡明科町八代沢, 長谷久保, 大足	新第三紀	貝類, 魚類
更級郡大岡村樺内	新第三紀	植物
小県郡青木村修那羅山	新第三紀	植物
南佐久郡北相木村川又, 雪瀬	新第三紀	植物, 貝類
諏訪市後山	新第三紀	植物, 貝類
上伊那郡高遠町片倉	新第三紀	植物, 貝類
上伊那郡長谷村戸台	白亜紀	アンモナイト, 貝類
下伊那郡豊丘村堀越, 源道池	第四紀	植物
下伊那郡阿南町恩沢, 深見, 浅野, 新野峠, 丸山	新第三紀	サメの歯, 貝類, 腕足類, 哺乳類, ウニ, 植物
木曾郡日義村砂ヶ瀬	ペルム紀	ウミユリ
木曾郡大桑村野尻	ペルム紀	フズリナ

岐阜県

吉城郡上宝村福地	オルドビス紀〜ペルム紀	床板サンゴ, 三葉虫, フズリナ, 腕足類, ウミユリ, 海綿, 石灰藻, 貝類
吉城郡上宝村一重ヶ根	デボン紀	サンゴ
吉城郡上宝村平湯峠	ペルム紀	フズリナ
吉城郡神岡町茂住, 和佐府	白亜紀	植物
大野郡荘川村牧戸, 御手洗	ジュラ紀	貝類, 植物, 魚類, 爬虫類
大野郡荘川村尾上郷, 大黒谷	白亜紀	植物, 貝類
大野郡丹生川村日面	ペルム紀	フズリナ, ウミユリ
大野郡清見村楢谷	デボン紀	サンゴ, 層孔虫
山県郡美山町舟伏山	ペルム紀	サンゴ, 貝類, 三葉虫, フズリナ
本巣郡根尾村東谷, 胡桃橋下流右岸	ペルム紀	サンゴ, 貝類, 三葉虫, フズリナ
郡上郡八幡町安久田	ペルム紀	腕足類, 三葉虫
郡上郡白鳥町阿多岐	新第三紀	植物
郡上郡白鳥町那留, 中津屋	白亜紀	植物
大垣市赤坂町金生山	ペルム紀	フズリナ, ウミユリ, 貝類, 三葉虫, 石灰藻, ウニ, 腕足類, サンゴ, 海綿, サメの歯, 植物
揖斐郡春日村茗荷谷	三畳紀	貝類
揖斐郡大野町石山	ペルム紀	フズリナ
瑞浪市明世町山野内, 戸狩	新第三紀	哺乳類, サメの歯, 貝類
瑞浪市土岐町奥名, 市原, 桜堂, 名滝	新第三紀	サメの歯, 貝類
瑞浪市釜戸町荻の島, 薬師町	新第三紀	サメの歯, 魚, 貝類, 植物, カニ
瑞浪市日吉町菅沼, 宿洞, 本郷	新第三紀	貝類
土岐市隠居山, 定林寺, 清水	新第三紀	哺乳類, サメの歯, 貝類, 腕足類, ウニ
土岐市泉町大富, 穴洞, 肥田町中肥田	新第三紀	魚類

美濃加茂市下米田町	新第三紀	哺乳類
可児郡御嵩町番上洞, 中切	新第三紀	植物, 哺乳類
可児市羽崎, 山崎, 吹ヶ洞	新第三紀	魚類, 植物, 哺乳類
恵那郡山岡町	新第三紀	植物
恵那郡岩村町遠山, 上切	新第三紀	貝類, 植物
養老郡上石津町須城谷	第四紀	哺乳類

福井県

坂井郡金津町下金屋, 青の木	新第三紀	貝類, ウニ, 魚類
丹生郡清水町出村	新第三紀	植物, 昆虫, 魚類
丹生郡朝日町上糸生	新第三紀	植物, 昆虫, 魚類
大野郡和泉村上伊勢, 小椋谷	デボン紀	三葉虫, サンゴ, 腕足類, ウミユリ
大野郡和泉村下山, 長野, 貝皿, 石徹白川流域	ジュラ紀	アンモナイト, ベレムナイト, 貝類, 植物
大野郡和泉村白馬洞	シルル紀	三葉虫, 腕足類, サンゴ
足羽郡美山町小和清水, 皿谷	ジュラ紀	植物, 爬虫類
今立郡池田町志津原, 皿尾	白亜紀	植物
福井市鮎川, 白浜, 柿谷	新第三紀	貝類, カニ, 植物
福井市深谷, 下市, 国見	新第三紀	植物
勝山市北谷町中野俣杉山川	白亜紀	爬虫類
勝山市野向町牛ヶ谷	新第三紀	植物, 昆虫
大飯郡高浜町難波江, 西三松	三畳紀	貝類, アンモナイト, 腕足類, ウミユリ
大飯郡高浜町名島, 山中, 鎌倉	新第三紀	サメの歯, 哺乳類, 貝類, カニ
敦賀市敦賀セメント	ペルム紀	フズリナ, サンゴ
小浜市下根来	ペルム紀	フズリナ, サンゴ

静岡県

田方郡中伊豆町白岩	新第三紀	貝類, サンゴ, 有孔虫
田方郡大仁町大野	新第三紀	貝類, サンゴ, 有孔虫
賀茂郡河津町梨本	新第三紀	魚類, 有孔虫
賀茂郡西伊豆町白川	新第三紀	魚類, 有孔虫
庵原郡蒲原町城山	新第三紀	貝類, ウニ
静岡市根古屋, 南矢部	第四紀	貝類, 魚類
静岡市足久保, 矢沢	新第三紀	貝類
島田市相賀	古~新第三紀	貝類, ウニ
榛原郡相良町蛭ヶ谷, 女神山, 男神山	新第三紀	貝類, 海綿, 有孔虫, サンゴ, 石灰藻
掛川市方の橋, 結縁寺, 観音寺	新第三紀	サメの歯, 貝類
周智郡春野町長沢	ジュラ紀	サンゴ, 層孔虫, 石灰藻
袋井市宇刈, 大日	新第三紀	貝類
磐田郡豊岡村合代島	第四紀	サメの歯
下田市白浜, 板見	新第三紀	貝類, 腕足類, ウニ, 蘚虫, サメの歯

愛知県

犬山市善師野	新第三紀	植物, 珪化木
瀬戸市赤津町	新第二紀	植物
北設楽郡東栄町神野山, 寺甫	新第三紀	貝類, 腕足類, カニ, 魚類, ウニ
北設楽郡東栄町柴石峠	新第三紀	植物
北設楽郡設楽町小松	新第三紀	貝類, 腕足類, カニ, 魚類, ウニ
南設楽郡鳳来町門谷, 田代, 長篠	新第三紀	貝類, サンゴ, 魚類, ウニ
豊橋市伊古部町	第四紀	植物, 貝類, 魚類
新城市有海豊川河岸	新第三紀	貝類

知多市古見	第四紀	カニ, サメの歯, 貝類, サンゴ
知多郡南知多町小佐, 豊浜, 日間賀島	新第三紀	魚, 貝類, カニ, ウニ
渥美郡赤羽根町高松	第四紀	貝類, ウニ, フジツボ, サンゴ, カニ
常滑市古場, 大谷	新第三紀	植物
幡豆郡一色町佐久島	新第三紀	貝類, カニ, ウニ, ヒトデ

滋賀県

坂田郡伊吹町伊吹山	ペルム紀	フズリナ, 貝類, ウミユリ, サンゴ, ウニ
坂田郡米原町醒井	ペルム紀	フズリナ, ウミユリ
犬上郡多賀町芹川上流	ペルム紀	フズリナ, ウミユリ, 腕足類, サンゴ, ウニ, 三葉虫, 蘚虫, 貝類, 介形類
犬上郡多賀町芹川中流	第四紀	哺乳類
犬上郡多賀町犬上川上流	ペルム紀	フズリナ, ウミユリ
犬上郡多賀町四手	新第三紀〜第四紀	植物, 貝類, 哺乳類
彦根市野田山町	第四紀	植物, コハク
愛知郡愛東町外	第四紀	植物
蒲生郡日野町蓮花寺, 中之郷, 別所	新第三紀	植物, 貝類, 哺乳類
甲賀郡甲西町野洲川河床	新第三紀	植物, 貝類
甲賀郡水口町野洲川河床	新第三紀	植物, 貝類
甲賀郡甲賀町小佐治, 隠岐, 猪野	新第三紀	貝類, 魚類, 爬虫類, 哺乳類, 植物
甲賀郡甲南町柑子, 野田	新第三紀	貝類, 魚類
甲賀郡土山町鮎河, 黒滝, 上の平	新第三紀	貝類, サメの歯, 腕足類, カニ, シャコ
甲賀郡土山町頓宮	新第三紀	植物
滋賀郡志賀町和邇	第四紀	貝類, 植物, 哺乳類
大津市堅田町竜華, 佐川, 真野町	第四紀	貝類, 植物, 哺乳類
高島郡安曇川町下古賀	第四紀	植物
高島郡新旭町熊の本	第四紀	植物

三重県

安芸郡美里村柳谷, 穴倉, 長野	新第三紀	サメの歯, 貝類, 獣骨, サンゴ, カニ, ウニ, 魚類, ウミユリ, クモヒトデ
久居市榊原町	新第三紀	サメの歯, 貝類, 獣骨, サンゴ, カニ
久居市宅子谷	新第三紀	貝類
一志郡嬉野町釜生田	新第三紀	貝類, ウニ, 植物
一志郡美杉村太郎生	新第三紀	貝類, ウニ, 植物
一志郡一志町田尻, 波瀬	新第三紀	貝類, ウニ, 植物, サメの歯
一志郡白山町中ノ村	新第三紀	貝類, ウニ, カニ, サメの歯
員弁郡藤原町藤原岳	ペルム紀	海綿, フズリナ, 貝類, 腕足類, ウミユリ
員弁郡藤原町上之山田	新第三紀	哺乳類, 植物, 貝類
員弁郡北勢町二の瀬, 塩崎, 下平	新第三紀	貝類, 植物
員弁郡員弁町明知川	新第三紀	哺乳類, 植物
三重郡菰野町千種	新第三紀	貝類, ウニ, カニ, フジツボ
阿山郡大山田村服部川	新第三紀	魚類, 貝類, 哺乳類, 爬虫類, 両生類, 植物
亀山市住山町椋川	新第三紀	哺乳類
度会郡南勢町飯満, 野添, 泉村	白亜紀	アンモナイト, 貝類, ウニ
鈴鹿市関町萩原, 加太	新第三紀	貝類, 植物
鳥羽市白根崎	白亜紀	貝類, 爬虫類
鳥羽市松尾町瀬戸谷	ジュラ紀	サンゴ, 層孔虫
志摩郡磯部町恵利原, 大場, 広ノ谷	ジュラ紀	サンゴ, 層孔虫, ウニ
尾鷲市行野浦	新第三紀	貝類, サメの歯, ヒトデ, 有孔虫, 魚鱗

付録2 全国の主な化石産地・産出化石

京都府

宮津市木子	新第三紀	魚類, 植物
与謝郡伊根町足谷, 滝根	新第三紀	魚類, 植物
加佐郡大江町公荘, 河原	ペルム紀	フズリナ, 貝類, 腕足類, 三葉虫, 蘚虫
竹野郡弥栄町吉津	新第三紀	植物
竹野郡網野町上野	新第三紀	貝類, ウニ
竹野郡丹後町矢畑, 吉永	新第三紀	植物
天田郡夜久野町わるいし谷	三畳紀	アンモナイト, ウミユリ, 貝類, 腕足類
天田郡夜久野町高内	ペルム紀	蘚虫
綴喜郡宇治田原町奥山田, 湯屋谷, 裏白峠	新第三紀	貝類, カニ
舞鶴市笹部	新第三紀	貝類, サンゴ, カニ
舞鶴市松尾, 志高	三畳紀	貝類, 腕足類, 植物
綾部市新道, 見内	三畳紀	貝類
京都市左京区鞍馬	ペルム紀	フズリナ
船井郡瑞穂町質志	ペルム紀	フズリナ, サンゴ
船井郡園部町観音坂峠	ペルム紀	サンゴ

大阪府

高槻市出灰, 下条, 上条	ペルム紀	サンゴ, フズリナ, 貝類
泉南市畦の谷, 新家, 高倉山	白亜紀	アンモナイト, 貝類, カニ, エビ, ウニ
泉佐野市滝の池	白亜紀	アンモナイト, 貝類
和泉市光明池	第四紀	植物, 哺乳類
貝塚市中の谷, 蕎原	白亜紀	アンモナイト, 貝類
阪南市箱作	白亜紀	アンモナイト, 貝類
泉南郡岬町多奈川, 小島	白亜紀	植物

兵庫県

神戸市須磨区白川台	新第三紀	植物
神戸市垂水区奥畑	新第三紀	植物
神戸市須磨区多井畑	新第三紀	貝類
神戸市北区木津, 西鈴蘭台	新第三紀	植物
西宮市満地谷, 上が原	第四紀	植物
明石市西八木～中八木海岸	第四紀	植物, 哺乳類
豊岡市三原峠, 福田	新第三紀	植物
城崎郡竹野町猫崎	新第三紀	植物
城崎郡日高町田の口, 万場, 名色	新第三紀	貝類
城崎郡香住町境	新第三紀	植物
養父郡養父町御祓	三畳紀	貝類, 腕足類
養父郡八鹿町日畑, 加瀬尾, 高柳	新第三紀	貝類, 植物
宍粟郡一宮町百千家満	ペルム紀	フズリナ, サンゴ
美方郡温泉町海上, 高山	新第三紀	植物, 昆虫
美方郡村岡町鹿田	新第三紀	貝類
多紀郡篠山町王地山の沢田丘陵	白亜紀	貝類, 植物, カイエビ
三原郡西淡町阿那賀, 丸山, 仲野, 湊	白亜紀	貝類, 植物, アンモナイト, ウニ, エビ
三原郡南淡町大川	白亜紀	アンモナイト, 甲殻類
洲本市掛牛岬, 由良町内田	白亜紀	貝類, 植物, 腕足類, ウニ, カニ
津名郡淡路町岩屋	新第三紀	貝類

奈良県

奈良市菖蒲池, 法蓮寺	第四紀	植物, 昆虫, 魚類, 哺乳類

奈良市藤原町	新第三紀	貝類, カニ, サンゴ, 植物
山辺郡都祁村都介野岳, 貝ヶ平山	新第三紀	貝類
宇陀郡榛原町貝ヶ平	新第三紀	貝類
吉野郡大淀町車坂	第四紀	植物
天理市白川池	第四紀	植物, 昆虫

和歌山県

和歌山市田倉崎	白亜紀	貝類
橋本市東家	新第三紀	植物
有田郡湯浅町北栄, 端崎	白亜紀	植物
有田郡湯浅町矢田, 古川	白亜紀	アンモナイト, 貝類, ウニ, ヒトデ
有田郡金屋町鳥屋城山	白亜紀	アンモナイト, 貝類, ウニ
有田郡広川町天皇山	白亜紀	植物, 貝類
有田郡清水町井谷	ジュラ紀	層孔虫, サンゴ, 石灰藻
日高郡由良町白崎, 黒山, 衣奈, 皆森	ペルム紀	フズリナ, 蘚虫
日高郡由良町水越峠, 門前	ジュラ紀	サンゴ, 層孔虫, ウニ, 石灰藻
東牟婁郡太地町夏山	新第三紀	サメの歯
東牟婁郡那智勝浦町宇久井海岸, 小麦	新第三紀	貝類, サンゴ, 蘚虫
東牟婁郡本宮町新宮川岸	新第三紀	貝類
西牟婁郡白浜町江津良	新第三紀	貝類, カニ
西牟婁郡串本町田並, 田野崎, 富岡	新第三紀	貝類, サンゴ, 蘚虫
田辺市滝内	新第三紀	貝類, カニ

鳥取県

八頭郡若桜町舂米	新第三紀	貝類
八頭郡郡家町明辺	新第三紀	貝類
八頭郡佐治村辰巳峠	新第三紀	植物, 昆虫
岩美郡国府町宮の下, 美歎, 岡益, 上地	新第三紀	魚類, 貝類, 腕足類, ウニ, 植物
岩美郡国府町普願寺	新第三紀	植物
日野郡日南町多里, 新屋	新第三紀	貝類, ウニ, 魚類, 植物, カニ
東伯郡三朝町三徳	新第三紀	植物

岡山県

苫田郡上斎原村人形峠, 恩原	新第三紀	植物
津山市新田, 院庄, 皿山川, 楢	新第三紀	貝類, 植物, サメの歯
御津郡御津町金川	三畳紀	貝類
勝田郡勝央町植月, 豊久田	新第三紀	貝類, 植物
勝田郡奈義町中島東, 柿, 福元	新第三紀	貝類, カニ, 植物
勝田郡勝北町塩手池, 西下	新第三紀	貝類, ウニ, 植物
英田郡英田町福本	三畳紀	アンモナイト, 貝類
真庭郡八束村蒜山原	第四紀	珪藻, 植物, 昆虫
真庭郡勝山町神庭	ペルム紀	フズリナ
川上郡成羽町日名畑, 灘波江	三畳紀	植物, 貝類, 腕足類
川上郡川上町地頭	三畳紀	植物, 貝類, 腕足類
川上郡川上町高山市, 芋原	新第三紀	貝類, サメの歯
川上郡備中町平弟子	新第三紀	貝類, サメの歯
後月郡芳井町日南	石炭紀	サンゴ, ウミユリ, フズリナ, 三葉虫, 腕足類
上房郡北房町蓬原	新第三紀	貝類
阿哲郡大佐町戸谷	新第三紀	貝類
阿哲郡哲西町荒掘, 矢田谷, 日の本	新第三紀	貝類
新見市石蟹, 長屋, 井倉, 佐伏	ペルム紀	フズリナ, サンゴ, ウミユリ

井原市野上町見頂, 浪形	新第三紀	貝類, 腕足類, サメの歯, 魚類
井原市山地	白亜紀	カイエビ

広島県

比婆郡西城町植木	新第三紀	貝類, カニ
比婆郡東城町二本松	新第三紀	貝類
比婆郡東城町禅仏寺谷, 三郷, 帝釈峡	石炭紀・ペルム紀	フズリナ, 貝類, サンゴ, 三葉虫, 蘚虫, 海綿, 石灰藻
比婆郡高野町新市, 半戸	新第三紀	貝類
神石郡油木町宇手迫, 忠原, 高見池	新第三紀	貝類
神石郡油木町忠原, 上野	白亜紀	カイエビ
庄原市宮内町貝名谷, 新庄町, 本町	新第三紀	貝類
深安郡神辺町仁井, 名田, 川谷	白亜紀	貝類, 植物
高田郡八千代町刈田小又谷	ペルム紀	貝類, 腕足類, ウミユリ, フズリナ
双三郡三良坂町上下川	新第三紀	貝類
双三郡君田村神之瀬川	新第三紀	貝類, 哺乳類, 爬虫類
双三郡作木村摺滝	古第三紀	植物, 貝類
三次市山家, 四拾貫	新第三紀	貝類, サメの歯
三次市塩町	新第三紀	植物
甲奴郡総領町黒目	ペルム紀	フズリナ
東広島市落合	第四紀	植物

島根県

八束郡玉湯町布志名, 若山	新第三紀	貝類, 腕足類, ウニ, サメの歯, カニ, 哺乳類
八束郡宍道町本郷, 西台	新第三紀	貝類
松江市川津町南家	新第三紀	貝類
飯石郡三刀屋町高窪	新第三紀	植物
出雲市上塩津町	新第三紀	貝類
大田市大森町, 久利町	新第三紀	貝類, 腕足類
隠岐郡都万村釜谷, 向山	新第三紀	貝類, 植物
隠岐郡西郷町中の浦	新第三紀	貝類, 植物
隠岐郡五箇村中山峠	新第三紀	植物
邇摩郡仁摩町荒崎	新第三紀	貝類
浜田市唐鐘, 畳が浦赤島鼻	新第三紀	貝類, ウニ

山口県

美祢郡秋芳町秋吉台, 美東町	石炭紀・ペルム紀	腕足類, フズリナ, サンゴ, 三葉虫, 海綿, 蘚虫, ウミユリ, 貝類, 石灰藻
美祢市大嶺町平原, 桃の木, 荒川	三畳紀	植物, 昆虫
大津郡日置町黄波戸海岸	新第三紀	貝類, サメの歯
豊浦郡豊北町神田海岸	新第三紀	貝類, サメの歯, 植物
豊浦郡豊田町石町, 城戸, 東長野	ジュラ紀	アンモナイト, 貝類, 植物
豊浦郡菊川町西中山	ジュラ紀	アンモナイト, 貝類, 植物
豊浦郡菊川町七見	白亜紀	植物
下関市彦島	古第三紀	貝類, 鳥類, 植物
下関市吉母海岸, 大畑	白亜紀	貝類
下関市高地峠東方, 阿内	ジュラ紀	植物
下関市高地峠西方, 小野	白亜紀	植物
宇部市沖の山, 上梅田	古第三紀	貝類, 植物, 哺乳類
阿武郡須佐町前地, 水海	新第三紀	貝類, ウニ, サメの歯
厚狭郡山陽町津布田, 山野井	三畳紀	植物
厚狭郡山陽町鴨庄	三畳紀	貝類

柳井市平郡島長崎	新第三紀	植物

徳島県

板野郡上板町大山	白亜紀	アンモナイト, 貝類, 植物
那賀郡上那賀町臼ヶ谷, 長安, 轟	ジュラ紀	貝類, ウニ, サンゴ, アンモナイト
那賀郡羽ノ浦町古毛	白亜紀	貝類, アンモナイト, 植物
那賀郡木頭村蟬谷	ジュラ紀	貝類, ウニ, サンゴ, アンモナイト
勝浦郡上勝町傍示, 藤川, 柳谷	白亜紀	貝類, 植物
鳴門市北泊, 島田島, 大毛島	白亜紀	植物, 貝類, アンモナイト
美馬郡脇町相立谷	白亜紀	貝類, アンモナイト
美馬郡美馬町石仏, 郡里山, 正部	白亜紀	貝類, アンモナイト
三好郡三好町	白亜紀	貝類, アンモナイト

香川県

小豆郡土庄町長浜, 竜の宮, 豊島虻崎	新第三紀	貝類, 魚類, 植物
小豆郡池田町釈迦ヶ鼻	新第三紀	哺乳類
大川郡引田町北谷, 翼山	新第三紀	貝類, 植物
大川郡長尾町多和兼割	白亜紀	アンモナイト, 貝類, ウニ, サメの歯, 植物
三豊郡財田町財田上, 灰倉山	白亜紀	アンモナイト, 貝類, ウニ, 植物
三豊郡財田町北野, 山脇	新第三紀	植物, 哺乳類
仲多度郡琴南町柞野, 平川, 明神川上流	白亜紀	アンモナイト, サメの歯
仲多度郡満濃町江畑	新第三紀	植物
仲多度郡仲南町塩入川	白亜紀	アンモナイト
香川郡香南町岡	新第三紀	植物, 哺乳類
香川郡塩江町塩江温泉, 椛川	白亜紀	アンモナイト

愛媛県

新居浜市仏崎	白亜紀	アンモナイト, 貝類, 箭石
松山市青波	白亜紀	アンモナイト, 貝類
伊予市郡中	新第三紀	植物
上浮穴郡久万町二名	古第三紀	植物, サンゴ, 貝類, サメの歯
上浮穴郡柳谷村中久保	ペルム紀	フズリナ, 貝類, 三葉虫, サンゴ, 腕足類, ウミユリ
東宇和郡城川町川津	シルル紀	三葉虫, サンゴ, ウミユリ
東宇和郡城川町嘉喜尾	シルル紀	三葉虫, サンゴ, ウミユリ
東宇和郡城川町日浦	ジュラ紀	ウニ, サンゴ, 植物
東宇和郡城川町魚成田穂	三畳紀	アンモナイト, 貝類
宇和島市古城山, 吉松	白亜紀	アンモナイト, 貝類, ウニ, 植物
北宇和郡日吉村上鍵山	新第三紀	植物
北宇和郡吉田町浅川	白亜紀	アンモナイト, 貝類, ウニ

高知県

安芸郡安田町唐の浜, 大野	新第三紀	貝類, サンゴ, サメの歯, ウニ, カニ, 植物
室戸市羽根町登	新第三紀	貝類, サンゴ
香美郡野市町三宝山	三畳紀	貝類, 腕足類, サンゴ, 層孔虫
香美郡物部村楮佐古, 土居番	白亜紀	貝類, アンモナイト
香美郡香北町永瀬, 萩野	白亜紀	貝類, アンモナイト, ウニ
香美郡香北町柚の木轟の滝, 奈路	白亜紀	植物
香美郡土佐山田町休場	ペルム紀	フズリナ, サンゴ, 三葉虫, 腕足類
香美郡土佐山田町新改西の谷, 弘法谷	白亜紀	植物, 貝類
土佐郡土佐山村日の浦	ペルム紀	フズリナ, サンゴ, 貝類, 腕足類
南国市領石, 下八京	白亜紀	植物

産地	地質時代	産出化石
南国市牛月	白亜紀	貝類, アンモナイト, ウニ, 蘚虫
高知市奥福井, 万々	白亜紀	貝類, アンモナイト, ウニ, 蘚虫
高知市東久万, 一宮	白亜紀	植物
高知市朝倉	ジュラ紀	貝類, 腕足類, ウミユリ, ウニ
吾川郡伊野町是友	三畳紀	貝類
高岡郡日高村妹背	シルル紀	サンゴ, 層孔虫, 腕足類
高岡郡日高村竜石, 大和田	三畳紀	貝類, 腕足類
高岡郡佐川町下山, 耳切, 山姥, 大平山	ペルム紀	腕足類, 三葉虫, 貝類, サンゴ, ウミユリ, フズリナ
高岡郡佐川町蔵法院, 川内ヶ谷, 下山	三畳紀	貝類, アンモナイト, 植物
高岡郡佐川町鳥の巣, 穴岩, 西山	ジュラ紀	サンゴ, 層孔虫, 腕足類, 蘚虫, ウニ, 貝類
高岡郡越知町横倉山	シルル紀	サンゴ, 三葉虫, 腕足類, ウミユリ, 蘚虫
高岡郡越知町大平	デボン紀	植物, 腕足類
高岡郡東津野村郷枝ヶ谷, 口目ヶ市	白亜紀	貝類, ウニ, 植物
高岡郡檮原町越知面	白亜紀	植物
須崎市堂ヶ奈路	白亜紀	貝類, 層孔虫
宿毛市小筑紫町栄喜	古第三紀	貝類

福岡県

産地	地質時代	産出化石
遠賀郡芦屋町山鹿	古・新第三紀	貝類, ウニ, サメの歯, 鳥類
遠賀郡水巻町吉田	古・新第三紀	貝類, ウニ, サメの歯
鞍手郡宮田町脇野, 千石峡	白亜紀	貝類
鞍手郡若宮町力丸	白亜紀	貝類
直方市上新入	白亜紀	貝類
北九州市八幡西区浅川	古・新第三紀	貝類, ウニ, サメの歯
北九州市小倉北区藍島	古第三紀	貝類
北九州市小倉北区熊谷町	白亜紀	魚類, 貝類
北九州市小倉南区蒲生, 鷲峰山	白亜紀	魚類, 貝類
北九州市小倉南区平尾台	ペルム紀	フズリナ
北九州市門司区白野江	ペルム紀	ウミユリ
宗像郡津屋崎町楯崎クグリ岩	古第三紀	貝類, サメの歯
福岡市西区姪の浜愛宕山, 五塔山	古第三紀	貝類

大分県

産地	地質時代	産出化石
玖珠郡九重町麦の平, 奥双石	新第三紀	植物, 魚類
大分市磯崎	第四紀	貝類, 植物
大分市敷戸, 片野, 旦野原	新第三紀	植物
南海部郡上浦町浅海井	ジュラ紀・白亜紀	アンモナイト, 貝類, サンゴ, ウニ
南海部郡本匠村片内	シルル紀	サンゴ
下毛郡耶馬渓町鳴良	新第三紀	植物
臼杵市大浜, 中津浦	白亜紀	貝類
大野郡犬飼町犬飼	白亜紀	貝類
大野郡大野町小倉木, 木浦畑	第四紀	植物
大野郡三重町奥畑	シルル紀	サンゴ
津久見市水晶山, 高登山	ペルム紀	フズリナ

佐賀県

産地	地質時代	産出化石
東松浦郡相知町佐里	古第三紀	貝類, 腕足類, 魚類, ウニ
東松浦郡北波多村稗田	古第三紀	貝類, 腕足類, 魚類, ウニ
伊万里市立川	古第三紀	貝類, 植物, 腕足類
西松浦郡有田町黒牟田	古第三紀	貝類, サンゴ
武雄市繁昌	古第三紀	貝類, サンゴ

産地	地質時代	産出化石
杵島郡北方町柴折峠, 志久峠	古第三紀	貝類, サンゴ
杵島郡大町町新山	古第三紀	貝類, 植物, 腕足類

長崎県

産地	地質時代	産出化石
壱岐郡芦辺町八幡浦長者原	新第三紀	魚類, 植物, 昆虫
下県郡美津島町竹敷, 鶏知	新第三紀	貝類, ウニ, 植物
下県郡厳原町小茂田, 上槻, 若田	新第三紀	貝類, ウニ, 植物
西彼杵郡崎戸町	古・新第三紀	貝類, ウニ, 植物
西彼杵郡大島町間瀬	古・新第三紀	貝類, 植物
西彼杵郡伊王島町伊王島, 沖の島	古第三紀	植物, 貝類
西彼杵郡西海町七釜	新第三紀	石灰藻
南高来郡加津佐町波貝, 加津佐, 樫山	新第三紀	貝類, 植物, 哺乳類
南高来郡南有馬町原城跡	第四紀	貝類
北松浦郡鹿町町黒崎	新第三紀	貝類, 植物
佐世保市相浦, 真申	新第三紀	貝類, 植物
長崎市茂木	新第三紀	植物

宮崎県

産地	地質時代	産出化石
西臼杵郡高千穂町上村, 土呂久	ペルム紀・三畳紀	フズリナ, アンモナイト, 貝類
西臼杵郡五ヶ瀬町白岩山, 小川	ペルム紀	フズリナ, サンゴ
西臼杵郡五ヶ瀬町鞍岡祇園山	シルル紀	サンゴ, 三葉虫, 腕足類, 層孔虫, 蘚虫
東諸県郡高岡町赤谷, 狩野	新第三紀	貝類
東諸県郡綾町割付	新第三紀	貝類
串間市高松	古第三紀	貝類, カニ, 魚類
児湯郡川南町通り浜, 通山	新第三紀	貝類
西都市都於郡町	新第三紀	貝類
宮崎郡田野町灰ヶ野	新第三紀	貝類
日南市油津	古第三紀	貝類
えびの市池牟礼	第四紀	植物

熊本県

産地	地質時代	産出化石
阿蘇郡小国町杖立温泉	新第三紀	植物
鹿本郡田町星原	新第三紀	植物
上益城郡御船町浅の藪, 下梅木, 北河内	白亜紀	アンモナイト, 貝類
上益城郡御船町軍見坂, 神掛	白亜紀	植物
下益城郡豊野村八瀬戸	白亜紀	貝類, アンモナイト
八代郡泉村矢山岳, 柿迫	ペルム紀	フズリナ, サンゴ, 蘚虫
八代郡坂本村衣領, 坂本, 松崎	ジュラ紀	貝類, アンモナイト, 腕足類, サンゴ, 海綿
八代郡坂本村深水	シルル紀	サンゴ, 腕足類
八代郡坂本村九折	白亜紀	貝類, アンモナイト
八代郡坂本村馬廻谷	三畳紀	貝類, アンモナイト
八代市原女木, 日奈久竹内峠の西	白亜紀	貝類, アンモナイト
八代市二見鷹河内	三畳紀	貝類, アンモナイト
葦北郡津奈木町平国	新第三紀	植物
葦北郡芦北郡白石, 箙瀬, 屋敷野	ジュラ紀	貝類, サンゴ, 層孔虫
葦北郡田浦町田浦, 海浦	ジュラ紀	貝類, アンモナイト, 腕足類, サンゴ, 海綿
天草郡姫戸町姫の浦	白亜紀	アンモナイト, 貝類
天草郡松島町内野河内	白亜紀	アンモナイト, 貝類
天草郡河浦町産島, 船津	古第三紀	貝類, サンゴ
天草郡御所浦町	白亜紀	アンモナイト, 恐竜
球磨郡球磨村神瀬	ペルム紀	フズリナ, サンゴ, 層孔虫, 貝類, 腕足類

球磨郡球磨村神瀬, 四蔵	三畳紀	サンゴ, 層孔虫
牛深市茂串, 黒島南岸, 辰ヶ越, 魚貫, 遠見山, 久玉明石岬, 深海, 下須島黒岬	古第三紀	貝類, 腕足類, サンゴ

鹿児島県

出水郡東町三船	古第三紀	貝類, サンゴ, 有孔虫
出水郡東町獅子島, 長島	白亜紀	貝類, 腕足類, ウニ, アンモナイト
薩摩郡樋脇町菖蒲ヶ段	新第三紀	植物, 魚類
薩摩郡薩摩町永野	新第三紀	植物
薩摩郡東郷町荒川内	新第三紀	植物, 昆虫
薩摩郡入来町仕明	新第三紀	植物, 昆虫
鹿児島郡吉田町桑の丸	第四紀	貝類, 植物
川辺郡坊津町中山	新第三紀	植物
川辺郡笠沙町野間池	ジュラ紀	サンゴ, 層孔虫, 腕足類, 石灰藻
大島郡喜界町上嘉鉄	第四紀	貝類
姶良郡隼人町東部	第四紀	植物
鹿児島市燃島（新島）	第四紀	貝類, サンゴ
熊毛郡南種子町上中, 茎永	新第三紀	貝類, 腕足類
熊毛郡中種子町犬城	新第三紀	貝類, 腕足類, 植物
西之表市住吉形之山	第四紀	貝類, 腕足類, 植物, 魚類, 哺乳類, ウニ, カニ
西之表市安城	新第三紀	貝類, 腕足類, 植物

沖縄県

国頭郡本部町備瀬, 山川, 渡久地, 謝花	三畳紀	アンモナイト, 貝類, ウニ, 蘚虫
国頭郡本部町山里	ペルム紀	フズリナ
国頭郡国頭村辺戸岬	三畳紀	アンモナイト, 貝類
国頭郡恩納村喜瀬武原	第四紀	植物, 貝類
名護市有津, 嘉陽	古第三紀	有孔虫
名護市仲尾次	新第三紀	貝類
名護市湖辺底, ハイクンガー原, 許田	第四紀	植物, 貝類
中頭郡読谷村多幸山	第四紀	植物, 貝類
中頭郡与那城町宮城島, 屋慶名	新第三紀	貝類, 腕足類, サンゴ, 蘚虫
中頭郡勝連町平敷屋	新第三紀	貝類, 腕足類, サンゴ, 蘚虫
浦添市牧港	第四紀	ウニ, サンゴ, 腕足類
島尻郡伊平屋村（伊平屋島）屋兵衛岩	ペルム紀	フズリナ, サンゴ, 蘚虫, 石灰藻
島尻郡佐敷町新里	新第三紀	貝類, サンゴ, 腕足類, 魚類, フジツボ
島尻郡豊見城村翁長	新第三紀	貝類, サンゴ, 腕足類
島尻郡具志頭村海岸	新第三紀	貝類, サンゴ, 腕足類
島尻郡東風平町伊覇	新第三紀	貝類, サンゴ, 腕足類
島尻郡知念村知名	新第三紀	貝類, サンゴ, 腕足類
島尻郡仲里村（久米島）比屋定, 阿嘉	新第三紀	貝類, ウニ, 蘚虫, サンゴ
石垣市（石垣島）宮良, 大里, 伊原間	古第三紀	貝類, 有孔虫, 石灰藻
八重山郡与那国町（与那国島）新川鼻	新第三紀	貝類, ウニ, 植物
八重山郡竹富町（西表島）美原北部	古第三紀	有孔虫

3 | 全国の化石を展示している博物館

名称	〒	所在地／休館日	電話番号
北海道			
稚内市宗谷竜ふるさと歴史館	098-6752	稚内市大岬 月，11〜1月	☎0162-76-2466
稚内市青少年科学館	097-0026	稚内市ノシャップ2 月，祝，年末年始	☎0162-22-5100
歌登町ふるさと館	098-5203	枝幸郡歌登町辺毛内3882-8 月，年末年始	☎01636-8-3004
中川町郷土資料館	098-2802	中川郡中川町中川444 月	☎01656-7-2419
初山別村郷土資料館	078-4431	苫前郡初山別村豊岬 不定期	役場☎01646-7-2211
羽幌町郷土資料館	078-4122	苫前郡羽幌町南町 月，11〜4月	☎01646-2-4519
小平町埋蔵文化財資料館	078-3301	留萌郡小平町字小平町高砂 月，11〜4月	☎01645-9-1159
留萌市海のふるさと館	077-0040	留萌市大町2丁目 夏期4/1〜9/30無休 冬期10/1〜3/31毎週月曜日，祝祭日，年末年始	☎0164-43-6677
沼田町化石展示館	078-2202	雨竜郡沼田町南一条四丁目6 随時開館（教育委員会に連絡）	☎0164-35-2111
三笠市立博物館	068-2111	三笠市幾春別錦町1-212-1 月，祝，年末年始	☎01267-6-7545
石川コレクション文化会館	068-0413	夕張市鹿の谷3丁目 4/25〜11/3までの土日，祝祭日，夏休みは開館	☎01235-2-2491
夕張市石炭博物館	068-0401	夕張市高松7-1 11〜3月の木，年末年始	☎01235-2-3417
ゆめっく館	069-1205	夕張郡由仁町中央202 月，祝，月末，年末年始	☎01238-3-3803
釧路市立博物館	085-0822	釧路市春湖台1-7 月，祝，年末年始	☎0154-41-5809
斜里町立知床博物館	099-4113	斜里郡斜里町本町41 月，祝，月末	☎01522-3-1256
北網圏北見文化センター	090-0015	北見市公園町1 月，祝日の翌日，年末年始	☎0157-23-3300
帯広百年記念館	080-0846	帯広市緑が丘2番地 月，祝日の翌日，年末年始	☎0155-24-5352
忠類ナウマン象記念館	089-1723	広尾郡忠類村忠類383-1 月，祝日の翌日，年末年始	☎01558-8-2826
足寄動物化石博物館	089-3727	足寄郡足寄町郊南1丁目 火，年末年始	☎01562-5-9100
弥永北海道博物館	001-0019	札幌市北区北19条西4丁目 月，年末年始	☎011-716-1358

付録 3 全国の化石を展示している博物館

館名	〒	住所 / 休館日	電話
北海道開拓記念館	004-0006	札幌市厚別区厚別町小野幌 53-2 月, 祝, 年末年始	☎011-898-0456
穂別町立博物館	054-0211	勇払郡穂別町穂別 80-6 月, 祝日の翌日, 年末年始, 月末	☎01454-5-3141
滝川市美術自然史館	073-0033	滝川市新町 2-5-30 月, 祝日の翌日, 年末年始	☎0125-23-0502
日高山脈館	079-2311	沙流郡日高町日高 月, 年末年始	☎01457-6-9033
浦河町立郷土博物館	057-0002	浦河郡浦河町西幌別 273-1 月, 祝, 年末年始	☎01462-8-1342
小樽市博物館	047-0031	小樽市色内 2-1-20 月, 祝日の翌日, 年末年始	☎0134-33-2439
自然科学化石博物館	049-5721	虻田郡虻田町字洞爺湖温泉町 1 無休	☎01427-5-2858
市立函館博物館	040-0344	函館市青柳町 17-1 月, 祝, 最終金, 年末年始	☎0138-23-5480

青森県

館名	〒	住所 / 休館日	電話
青森県立郷土館	030-0802	青森市本町 2-8-14 月, 祝, 年末年始	☎0177-77-1585

岩手県

館名	〒	住所 / 休館日	電話
岩手県立博物館	020-0102	盛岡市上田字松屋敷 34 月, 年末年始	☎0196-61-2831
琥珀資料館	028-0071	久慈市小久慈町 19-156-133 年末年始	☎0194-59-3281
大船渡市立博物館	022-0001	大船渡市末崎町大浜 221-86 月, 祝, 年末年始	☎0192-29-2161
大迫町立山岳博物館	028-3203	稗貫郡大迫町大迫 3-39 月, 祝, 年末年始	☎0198-48-3020
陸前高田市立博物館	029-2205	陸前高田市高田町砂畑 61-1 月, 祝, 年末年始	☎0192-54-4224
北上市立博物館	024-0022	北上市黒沢尻町立花 14-59 月, 祝日の翌日, 年末年始	☎0197-64-1756

秋田県

館名	〒	住所 / 休館日	電話
秋田県立博物館	010-0124	秋田市金足鳰崎後山 52 木, 年末年始, 1〜3月の祝	☎0188-73-4121
秋田大学鉱山学部付属鉱業博物館	010-0851	秋田市手形字大沢 28-2 日, 祝, 年末年始, 11〜4月の土日	☎0188-33-5261
仁別森林博物館	010-0824	秋田市仁別字務沢国有林 11月中旬〜4月下旬	☎0188-27-2322
象潟町郷土資料館	018-0104	由利郡象潟町狐森 31-1 月, 年末年始	☎0184-43-2005
化石館	014-1192	仙北郡田沢湖町卒田字早稲田 430 火	☎0187-44-3855

宮城県

館名	〒	住所 / 休館日	電話
斎藤報恩会自然史博物館	980-0014	仙台市青葉区本町 2-20-2 月, 祝, 年末年始	☎022-262-5506

館名	〒	住所 / 休館日	電話
仙台市科学館	981-0903	仙台市青葉区台原森林公園4番1号 月, 祝日の翌日, 毎月月末, 年末年始	☎022-276-2201
東北大学理学部 自然史標本館	980-0845	仙台市青葉区荒巻字青葉 月, 祝日の翌日, 年末年始	☎022-217-6767
気仙沼市図書館標本室	988-0073	気仙沼市笹が陣3-30 第2・4日, 祝, 年末年始	☎0226-22-6778
歌津魚竜館	988-0451	本吉郡歌津町管の浜 火, 年末年始	☎0226-36-3090

山形県

館名	〒	住所 / 休館日	電話
山形県立博物館	990-0826	山形市霞城町1-8 霞城公園内 月, 祝, 年末年始	☎0236-45-1111
高畠町郷土資料館	992-0302	東置賜郡高畠町安久津2011 月, 祝, 年末年始	☎0238-52-4523

福島県

館名	〒	住所 / 休館日	電話
いわき市石炭・化石館	972-8321	いわき市常磐湯本町向田3-1 第3火, 1/1	☎0246-42-3155
海竜の里センター	979-0338	いわき市大久町大久字柴崎9 月	☎0246-82-2772
四倉史学館	979-0201	いわき市四倉町西3-63 土, 祝	☎0246-32-2978
いわき市 アンモナイトセンター	979-0338	いわき市大久町大久字鶴房147-2 月, 1/1	☎0246-82-4561
高郷村郷土資料館	969-4301	耶麻郡高郷村上郷字天神後戌417公民館 第2・4十日, 年末年始	☎0241-44-2765
福島県立博物館	965-0807	会津若松市城東町1-25 月, 祝日の翌日, 年末年始	☎0242-28-6000
野馬追の里原町市立博物館	975-0051	原町市牛来字出口194 火, 祝日の翌日, 年末年始	☎0244-23-6421

茨城県

館名	〒	住所 / 休館日	電話
水戸市立博物館	310-0062	水戸市大町3-3-20 月, 祝, 年末年始	☎029-226-6521
通産省工業技術院 地質調査所地質標本館	305-0046	筑波市東1-1-3 日, 第2・4土, 祝, 年末年始	☎0298-54-3750
茨城県自然博物館	306-0622	岩井市大崎700 月, 年末年始	☎0297-38-2000

群馬県

館名	〒	住所 / 休館日	電話
群馬県立歴史博物館	370-1208	高崎市岩鼻町239 月, 年末年始	☎0273-46-5522
中里村恐竜センター	370-1602	多野郡中里村神が原51-2 月	☎0274-58-2829
大間々町歴史民俗館 (コノドント館)	370-0101	山田郡大間々町大間々1030 月, 祝日の翌日, 年末年始	☎0277-73-4123
群馬県立自然史博物館	370-2345	富岡市上黒岩1674-1 月, 年末年始	☎0274-60-1200
黒保根村歴史民俗資料館	376-0141	勢多郡黒保根村水沼乙175 月, 祝日の翌日, 年末年始	☎0277-96-3125

付録 3 全国の化石を展示している博物館

| 中之条町歴史民俗資料館 | 377-0424 | 吾妻郡中之条町大字中之条町 947-1
月，祝日の翌日，年末年始 | ☎0279-75-1922 |

栃木県

木の葉化石園	329-2924	那須郡塩原町中塩原 472 無休	☎0287-32-2052
栃木県立博物館	320-0865	宇都宮市睦町 2-2 月，祝日の翌日，年末年始	☎0286-34-1311
日光博物館	321-1400	日光市田母沢 8-27 無休	☎0288-54-1632
小山市立博物館	329-0214	小山市乙女 1-31-7 月，祝，年末年始	☎0285-45-5331

東京都

国立科学博物館	110-0007	台東区上野公園 7-20 月，年末年始	☎03-3822-0111
国立科学博物館分館	169-0073	新宿区百人町 3-23-1 第1水曜日のみ開館	☎03-3364-2311
府中市郷土の森（博物館）	183-0026	府中市南町 6-32 月，年末年始	☎0423-68-7921
あきる野市五日市郷土館	190-0164	あきる野市五日市 920-1 火，水，祝，年末年始	☎0425-96-4069
東京都高尾自然科学博物館	193-0844	八王子市高尾町 2436 第1・3月，祝日の翌日，年末年始	☎0426-61-0305

埼玉県

武甲山資料館	368-0023	秩父市大宮 6176 火，祝日の翌日，年末年始	☎0494-24-7555
埼玉県立自然史博物館	369-1305	秩父郡長瀞町長瀞 1417-1 月，祝日の翌日，年末年始	☎0494-66-0404
長瀞総合博物館	369-1304	秩父郡長瀞町本野上 424 月，年末年始	☎0494-66-0075
ユネスコ村大恐竜探検館	359-1153	所沢市上山口 2227 無休	☎0429-22-1370
おがの化石館	368-0101	秩父郡小鹿野町下小鹿野 453 火（11〜3月は土日と祝日のみ開館），年末年始	☎0494-75-4179

千葉県

千葉県立中央博物館	260-0852	千葉市中央区青葉町 955-2 月，年末年始	☎0472-65-3111
市立市川考古博物館	272-0836	市川市北国分町 2932-1 月，祝，年末年始	☎0473-73-2202
君津市立久留里城址資料館	292-0422	君津市久留里字内山 月，祝，年末年始	☎0439-27-3478

神奈川県

| 神奈川県立博物館 | 231-0006 | 横浜市中区南仲通 5-60
月，祝日の翌日，年末年始 | ☎045-201-0926 |
| 横須賀市自然博物館 | 238-0016 | 横須賀市深田台 95
月，祝日の翌日，年末年始，月末 | ☎0468-24-3688 |

平塚市博物館	254-0041	平塚市浅間町 12-41 月, 祝, 月末, 年末年始	☎0463-33-5111	
小田原市郷土文化館	250-0014	小田原市城内 7-8 月, 祝, 月末, 年末年始	☎0465-23-1377	
神奈川県立 「生命の星・地球博物館」	250-0031	小田原市入生田 499 月, 祝日の翌日, 年末年始, 偶数月の第3木	☎0465-21-1515	

山梨県

宝石園水晶宝石博物館	400-1214	甲府市高成町 1023 無休	☎0552-51-8126
中富町歴史民俗資料館	409-3421	南巨摩郡中富町八日市場 542-2 月, 祝日の翌日, 年末年始	☎0556-42-3807
身延町立自然博物館	409-2536	南巨摩郡身延町相又 425-1 月, 土の午後, 祝日の翌日, 年末年始	☎0556-62-1194

新潟県

新潟県立自然科学館	950-0941	新潟市女池字蓮潟東 2010-15 月, 年末年始	☎025-283-3331
長岡市立科学博物館	940-0072	長岡市柳原町 2-1 月, 年末年始	☎0258-35-0184
石油記念館	949-4308	三島郡出雲崎町尼瀬 6-3 月, 年末年始	☎0258-78-2179
佐渡博物館	952-1311	佐渡郡佐和田町八幡 2041 無休	☎0259-52-2447
柏崎市立博物館	945-0841	柏崎市緑町 0-35 月, 年末年始	☎0257-22-0567
フォッサマグナ ミュージアム	941-0056	糸魚川市一宮町美山公園内 月, 年末年始	☎0255-53-1880
青海町自然史博物館	949-0305	西頸城郡青海町青海 4657-3 月, 年末年始	☎0255-62-2223

静岡県

東海大学自然史博物館	424-0901	清水市三保 2797 年末年始	☎0543-34-2385
富士宮奇石博物館	418-0111	富士宮市山宮 3670 水, 第3木, 年末年始, 1/8～2/末	☎0544-58-3830
裾野市立富士山資料館	410-1231	裾野市須山 2255-39 月, 祝日の翌日, 年末年始	☎0559-98-1325
伊豆アンモナイト博物館	413-0235	伊東市大室高原10-303 水, 第2・4火 (祝祭日を除く)	☎0557-51-8570

長野県

市立大町山岳博物館	398-0000	大町市神栄町 8056-1 月, 年末年始	☎0261-22-0211
阿南町化石館	399-1505	下伊那郡阿南町富草 3905 月	☎0260-22-2273
野尻湖ナウマンゾウ博物館	389-1303	上水内郡信濃町野尻 287-5 月末, 12～2月	☎0262-58-2090
戸隠村地質化石館	381-4104	上水内郡戸隠村栃原 3400 月, 祝日の翌日, 年末年始	☎02625-2-2228

付録

3 全国の化石を展示している博物館

283

鬼無里村歴史民俗資料館	381-4300	上水内郡鬼無里村和田沖 月, 祝日の翌日, 年末年始	☎0262-56-3270
信州新町化石博物館	381-2404	上水内郡信州新町上条 87-1 月, 祝日の翌日	☎0262-62-3500
長野市立博物館分館 茶臼山自然史館	381-2225	長野市篠ノ井岡田 2696 月, 祝日の翌日, 年末年始	☎0262-92-7622
上田市立博物館	386-0026	上田市二の丸 3-3 水, 祝, 年末年始	☎0268-22-1274
泉田博物館	386-1106	上田市小泉 2075 高仙寺内 随時開放	☎0268-24-7255
小諸市立郷土博物館	384-0000	小諸市丁 221（懐古園内） 水, 年末年始	☎0267-22-0913
四賀村化石館	399-7416	東筑摩郡四賀村七嵐 85-1 月, 祝日の翌日, 年末年始	☎0263-64-3900
聖博物館	399-7700	東筑摩郡麻績村聖高原 火, 年末年始	☎0263-67-2133
菅平高原自然館	386-2201	小県郡真田町長字菅平 火, 10〜5月	☎0268-74-2438
飯田市美術博物館	395-0034	飯田市追手町 2-655-7 月, 祝日の翌日, 年末年始	☎0265-22-8118
ミュージアム鉱研・ 地球の宝石箱	399-0651	塩尻市北小野 4668 火, 祝日の翌日, 年末年始	☎0263-51-8111

富山県

富山市科学文化センター	939-8084	富山市西中野町 1-8-31 月, 祝, 年末年始	☎0764-91-2123
魚津埋没林博物館	937-0067	魚津市釈迦堂 814 12〜3月	☎0765-22-1049
二上山郷土資料館	933-0126	高岡市城光寺大谷 9 月, 12〜3月	☎0766-44-3613

石川県

小松市立博物館	923-0903	小松市丸ノ内公園町 19 第3日, 第3を除く月, 祝, 年末年始	☎0761-22-0714
手取川総合開発記念館	920-2502	石川郡白峰村桑島 木, 祝日の翌日, 年末年始	☎07619-8-2701
白山恐竜パーク白峰	920-2502	石川郡白峰村桑島 4-99-1 木, 祝日の翌日, 冬期	☎07619-8-2724
七尾市少年科学館	926-0052	七尾市山王町ツ34 三王小学校内 月, 祝, 年末年始	☎0767-52-2634

福井県

福井県立博物館	910-0016	福井市大宮 2-19-15 月, 祝, 年末年始	☎0776-22-4675
福井市自然史博物館	918-8006	福井市足羽上町 147 月, 祝日の翌日, 年末年始	☎0776-35-2844
和泉村郷土資料館	912-0205	大野郡和泉村朝日 月, 12〜3月	☎0779-78-2845

岐阜県

名称	郵便番号	住所	電話
名和昆虫博物館	500-8003	岐阜市大宮町2 年末年始	☎0582-63-0038
浅見化石会館	502-0071	岐阜市長良2953-3 随時開館	☎0582-31-3997
瑞浪市化石博物館	509-6132	瑞浪市明世町山野内1-13 月, 月末, 年末年始	☎0572-68-7710
金生山化石館	503-2213	大垣市赤坂町金生山 平日, 年末年始	☎0584-71-0294
飛騨自然館	506-1434	吉城郡上宝村福地温泉 無休	☎0578-9-2462
岐阜県博物館	501-3941	関市小屋名百年公園内 月, 祝日の翌日, 年末年始	☎0575-28-3111
高山短期大学飛騨自然博物館	506-0059	高山市下林町1155 日, 祝	☎0577-32-4440
日本最古の石博物館	509-0343	加茂郡七宗町中麻生1160 月, 年末年始	☎0574-48-2600

愛知県

名称	郵便番号	住所	電話
鳳来寺山自然科学博物館	411-1944	南設楽郡鳳来町門谷字森脇6 年末年始	☎05363-5-1001
東栄町立博物館	449-0214	北設楽郡東栄町本郷字大森1 月, 年末年始	☎05367-6-1266
設楽町立奥三河郷土館	441-2301	北設楽郡設楽町田口字アラコ14 火, 年末年始	☎05366-3-1440
豊橋市自然史博物館	411-3147	豊橋市大岩町字大穴1-238 月, 年末年始	☎0532-41-4747
生命の海科学館	443-0034	蒲郡市港町17-17 年末年始	☎0533-66-1717
半田市立博物館	475-0928	半田市桐が丘4-7-3 月, 祝, 年末年始	☎0569-23-7173
津島児童科学館	496-0027	津島市中甲新町地	☎0567-24-8745
		月, 年末年始	

滋賀県

名称	郵便番号	住所	電話
伊吹山文化資料館	521-0314	坂田郡伊吹町春照77 月, 火, 年末年始	☎0749-58-0252
滋賀県立琵琶湖博物館	525-0001	草津市下物町1091 月, 祝日の翌日, 年末年始	☎077-568-4811
田上鉱物博物館	520-2275	大津市田上枝町 盆, 年末年始, 要予約	☎0775-46-1921
多賀町立博物館	522-0314	犬上郡多賀町四手976-2 月, 火, 祝日の翌日, 年末年始	☎0749-48-2077
土山町公民館	528-0212	甲賀郡土山町南土山甲406 日, 祝, 年末年始	☎0748-66-0158
琵琶湖自然科学博物館	520-0514	滋賀郡志賀町木戸びわこバレイ内 12〜3月, 春と秋の火	☎0775-92-1155

付録 3 全国の化石を展示している博物館

三重県

館名	〒	住所 / 休館日	電話
三重県立博物館	514-0006	津市広明町 147 月, 祝日の翌日, 月末, 年末年始	☎0592-28-2283
志摩マリンランド	517-0502	志摩郡阿児町神明字賢島 723 無休	☎05994-3-1225
藤原岳自然科学館	511-0518	員弁郡藤原町坂本聖宝寺前 平日, 年末年始	☎0594-46-4203
神宮徴古館農業館	516-0016	伊勢市神田久志本町 1754-1 月, 年末年始	☎0596-22-1700

京都府

館名	〒	住所 / 休館日	電話
益富地学会館	602-8012	京都市上京区烏丸出水西入る中出水町394 平日, 年末年始	☎075-441-3280
京都市青少年科学センター	612-0031	京都市伏見区深草池の内町 13 木, 年末年始	☎075-642-1601
比叡山自然科学館	606-0000	京都市左京区修学院比叡山山頂 無休	☎075-781-4089

奈良県

館名	〒	住所 / 休館日	電話
橿原市立昆虫館	634-0024	橿原市南山町 624 香久山公園内 月, 年末年始	☎07442-4-7246

大阪府

館名	〒	住所 / 休館日	電話
大阪市立自然史博物館	546-0034	大阪市東住吉区東長居町長居公園内 月, 祝, 年末年始	☎06-6697-6221
大阪府営箕面公園昆虫館	562-0002	箕面市箕面公園 1-18 火, 年末年始	☎0727-21-7967
生命誌研究館	569-1125	高槻市紫町1-1 日, 月, 年末年始	☎0726-81-9750
きしわだ自然資料館	596-0072	岸和田市堺町 6-5 月, 月末, 年末年始, 9/14,15	☎0724-23-8100

兵庫県

館名	〒	住所 / 休館日	電話
三城自然博物館	670-0012	姫路市本町 124 無休	☎0792-24-5005
玄武洞ミュージアム	668-0801	豊岡市赤石 1362 無休	☎07962-3-3821
兵庫県立人と自然の博物館	669-1546	三田市弥生が丘 6 月, 年末年始	☎0795-59-2001
おもしろ昆虫化石館	669-6943	美方郡温泉町千谷 850 月	☎0796-93-0888

和歌山県

館名	〒	住所 / 休館日	電話
和歌山県立自然博物館	642-0001	海南市船尾 370-1 月, 祝日の翌日, 年末年始	☎0734-83-1777

鳥取県

館名	〒	住所 / 休館日	電話
鳥取県立博物館	680-0011	鳥取市東町 2-124 月, 祝日の翌日, 年末年始	☎0857-26-8042

佐治村民俗資料館	689-1316	八頭郡佐治村福園	☎0858-89-1321	
		12〜3月の土, 日, 祝, 年末年始		

岡山県

津山科学教育博物館	708-0022	津山市山下 98-1	☎08682-2-3518
		無休	
笠岡市立カブトガニ博物館	714-0043	笠岡市横島 1946-2	☎08656-7-2477
		月, 祝日の翌日, 年末年始	
倉敷市立自然史博物館	710-0046	倉敷市中央 2-6-1	☎0864-25-6037
		月, 年末年始	
なぎビカリアミュージアム	708-1312	勝田郡奈義町柿 1875	☎0868-36-3977
		月, 祝日の翌日, 年末年始	
成羽町美術館	716-0111	川上郡成羽町下原 1068-3	☎0866-42-4455
		月, 年末年始	

島根県

奥出雲多根自然博物館	699-1434	仁多郡仁多町佐白 236-1	☎0854-54-0003
		月, 年末年始	
隠岐五箇村郷土館	685-0311	隠岐郡五箇村郡 749-4	☎08512-5-2151
		12〜2月の土, 日, 祝	
モニュメント・ミュージアム来待ストーン	699-0404	八束郡宍道町東来待 1574-1	☎0852-66-9100
		月, 祝日の翌日, 年末年始	

広島県

比和町立自然科学博物館	727-0301	比婆郡比和町比和 1110-1	☎08248-5-2431
		年末年始	
帝釈郷土館	729-5244	比婆郡東城町未渡字野田原 1930-3	☎08477-6-0001
		火, 年末年始	
新宅コレクション	737-0042	呉市和庄本町 17-2	☎0823-22-8435
		事前連絡のこと	

山口県

秋芳町立秋吉台科学博物館	754-0511	美祢郡秋芳町秋吉台	☎08370-2-0040
		年末年始	
山口県立山口博物館	753-0073	山口市春日町 8-2	☎0839-22-0294
		月, 祝, 年末年始	
萩市郷土博物館	758-0041	萩市江向四区	☎0838-25-3142
		月, 祝, 年末年始	
美祢市化石館	759-2212	美祢市大嶺町東分字前川 315-12	☎08375-2-5474
		月, 祝	
美祢市歴史民俗資料館	759-2212	美祢市大嶺町東分字前川 279-1	☎08375-3-0189
		月, 祝, 年末年始	

徳島県

徳島県立博物館	770-8070	徳島市八万町向寺山	☎0886-68-3636
		月, 祝, 年末年始	

香川県

香川県自然科学館	762-0014	坂出市王越町木沢 1901-2	☎0877-42-0034
		日, 第2・4土, 祝, 年末年始	

| 観音寺市立郷土資料館 | 768-0060 | 観音寺市観音寺町甲 4028-3
月, 火, 月末, 年末年始 | ☎0875-25-6001 |

愛媛県

愛媛県立博物館	790-0007	松山市堀之内教育文化会館内 月, 祝, 月末, 年末年始	☎0899-41-1441
新居浜市立郷土美術館	792-0025	新居浜市一宮町 1-5-1 月, 祝, 年末年始	☎0897-33-1030
西条市立郷土博物館	793-0023	西条市明屋敷 238-7 月, 祝, 年末年始	☎0897-56-3199
愛媛県総合科学博物館	792-0060	新居浜市大生院 2133-2 月, 年末年始	☎0897-40-4100
城川町地質館	797-1703	東宇和郡城川町窪野 2080 年末年始	☎0894-83-1100

高知県

県立牧野植物園（化石館）	780-8125	高知市五台山 3579-2 年末年始	☎0888-82-2601
龍河洞博物館	782-0005	香美郡土佐山田町逆川 1340 無休	☎08875-3-4376
佐川地質館	789-1201	高岡郡佐川町甲 360 月, 年末年始	☎0889-22-5500
横倉山自然の森博物館	781-1303	高岡郡越知町越知丙 737-12 月, 年末年始	☎0889-26-1060

福岡県

| 北九州市立自然史博物館 | 805-0061 | 北九州市八幡東区西本町 3-6 JR八幡駅ビル
月, 年末年始 | ☎093-661-7308 |

佐賀県

| 佐賀県立博物館 | 840-0041 | 佐賀市城内 1-15-23
月, 祝日の翌日, 年末年始 | ☎0952-24-3947 |
| 多久市郷土資料館 | 846-0031 | 多久市多久町1975
火, 祝, 年末年始 | ☎0952-75-3002 |

長崎県

| 長崎市科学館 | 850-0047 | 長崎市油木町7-2
月, 年末年始 | ☎0958-42-0505 |
| 壱岐郷土館 | 811-5133 | 壱岐郡郷ノ浦町本村触 445
水, 毎月25日, 祝, 年末年始 | ☎0920-47-4141 |

熊本県

熊本市立熊本博物館	860-0007	熊本市古京町 3-2 月, 祝, 年末年始	☎096-324-3500
御所浦町白亜紀資料館	866-0300	天草郡御所浦町 4310-5 月, 年末年始	☎0969-67-2325
御船町恐竜博物館	861-3204	上益城郡御船町木倉 1168 カルチャーセンター内 月, 年末年始	☎096-282-0888

宮崎県

宮崎県総合博物館	880-0053	宮崎市神宮2丁目 4-4 月, 祝日の翌日, 年末年始	☎0985-24-2071

鹿児島県

鹿児島県立博物館	892-0853	鹿児島市城山町 1-1 月, 祝, 年末年始	☎0992-23-6050
種子島開発総合センター (種子島博物館)	891-3101	西之表市西之表 7585 毎月25日, 年末年始	☎09972-3-3215

沖縄県

沖縄県立博物館	903-0823	那覇市首里大中町 1-1 月, 祝, 年末年始	☎098-884-2243
沖縄貝類標本館	905-2173	名護市久志 486 随時開館	☎0980-55-2153

※計画中, 建設中の博物館

甲西町立博物館	滋賀県甲賀郡甲西町	準備室	☎0748-72-1290
みなくち子どもの森自然館	滋賀県甲賀郡水口町	都市整備課	☎0748-62-1621
福井県恐竜博物館	福井県福井市	準備室	☎0776-20-0581

4 時代別索引(地図付)

地名の前の番号は地図上の番号に対応する

産地	時代	掲載ページ

北海道・東北地域

古生代

①岩手県東磐井郡東山町粘土山	[デボン紀]	49
②岩手県大船渡市日頃市町	[デボン紀・石炭紀]	50〜60
③岩手県気仙郡住田町犬頭山	[石炭紀]	53, 54
④岩手県陸前高田市飯森	[ペルム紀]	62, 63
⑤宮城県気仙沼市上八瀬	[ペルム紀]	61〜64

中生代

1 北海道稚内市東浦海岸	[白亜紀]	4, 5
2 北海道宗谷郡猿払村上猿払	[白亜紀]	6
3 北海道枝幸郡中頓別町豊平	[白亜紀]	6
4 北海道天塩郡遠別町ルベシ沢，ウッツ川	[白亜紀]	7〜10
5 北海道中川郡中川町安平志内川水系	[白亜紀]	11〜15
6 北海道苫前郡羽幌町羽幌川水系	[白亜紀]	16〜23
7 北海道苫前郡苫前町古丹別川	[白亜紀]	24〜27, 29〜31
8 北海道留萌郡小平町小平蘂川水系	[白亜紀]	32〜35
9 北海道三笠市幾春別川水系	[白亜紀]	36, 37
10 北海道勇払郡穂別町ソソジ沢	[白亜紀]	38
11 北海道浦河郡浦河町井寒台	[白亜紀]	38, 39
12 北海道厚岸郡浜中町奔幌戸，琵琶瀬	[白亜紀]	40, 41
13 岩手県下閉伊郡田野畑村明戸	[白亜紀]	68〜70
14 岩手県九戸郡野田村十府ヶ浦	[白亜紀]	70
15 宮城県本吉郡本吉町大沢海岸	[三畳紀]	65
16 宮城県宮城郡利府町	[三畳紀]	65
17 宮城県本吉郡志津川町権現浜	[ジュラ紀]	65
18 宮城県桃生郡北上町追波	[ジュラ紀]	66
19 福島県相馬郡鹿島町館の沢	[ジュラ紀]	67
20 福島県いわき市大久町桃の木沢，谷地	[白亜紀]	71, 72

新生代

❶北海道稚内市抜海	[第三紀]	42
❷北海道天塩郡遠別町ウッツ川	[第三紀]	42, 43
❸北海道苫前郡初山別村豊岬	[第三紀]	44, 45
❹北海道苫前郡羽幌町曙，中二股川	[第三紀]	46
❺北海道苫前郡苫前町古丹別川	[第三紀]	46
❻北海道雨竜郡沼田町幌新太刀別川	[第三紀]	48
❼北海道白糠郡白糠町中庶路	[第三紀]	47
❽宮城県遠田郡涌谷町	[第二紀]	73, 74
❾宮城県亘理郡亘理町神宮寺	[第三紀]	75
❿宮城県柴田郡村田町村田IC近く	[第四紀]	77
⓫福島県いわき市白岩，下荒川	[第三紀]	76, 77

290

付録 4 時代別索引

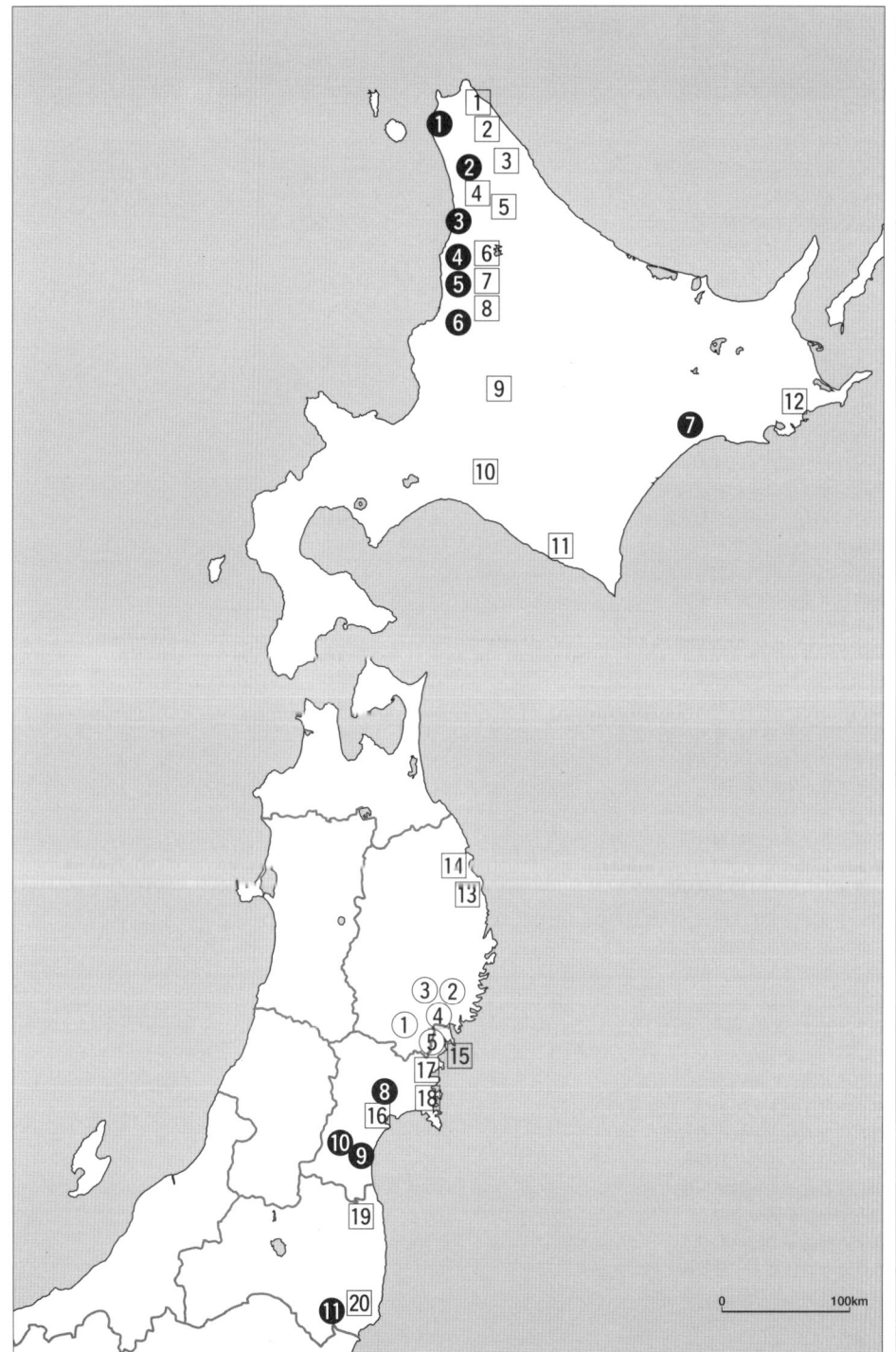

関東・中部・北陸・近畿地域

古生代

⑥栃木県安蘇郡葛生町山菅	［ペルム紀］	78
⑦新潟県西頸城郡青海町電化工業	［石炭紀］	106〜110
⑧岐阜県吉城郡上宝村福地	［デボン紀・ペルム紀］	104, 105, 118, 119
⑨岐阜県大垣市赤坂町金生山	［ペルム紀］	111〜117
⑩岐阜県大野郡丹生川村日面	［ペルム紀］	119
⑪岐阜県郡上郡八幡町安久田	［ペルム紀］	119
⑫滋賀県坂田郡米原町天野川	［ペルム紀］	148
⑬滋賀県坂田郡伊吹町伊吹山	［ペルム紀］	148
⑭滋賀県犬上郡多賀町芹川上流，犬上川上流	［ペルム紀］	149〜178

中生代

㉑千葉県銚子市長崎鼻海岸	［白亜紀］	79
㉒富山県下新川郡朝日町大平川	［ジュラ紀］	120
㉓福井県大飯郡高浜町難波江	［三畳紀］	179, 180
㉔福井県大野郡和泉村長野，貝皿，下山	［ジュラ紀］	121, 122
㉕福井県足羽郡美山町小和清水	［ジュラ紀］	123
㉖岐阜県郡上郡白鳥町石徹白	［ジュラ紀］	123
㉗岐阜県大野郡荘川村御手洗	［ジュラ紀］	123

新生代

⑫茨城県北茨城市平潟町長浜，中郷町，大津町五浦	［第三紀］	80, 81
⑬群馬県甘楽郡南牧村兜岩	［第三紀］	82
⑭千葉県銚子市長崎鼻海岸	［第三紀］	83〜85
⑮千葉県安房郡鋸南町奥元名	［第三紀］	86〜88
⑯千葉県香取郡大栄町前林	［第四紀］	89
⑰千葉県君津市追込小糸川，市宿	［第四紀］	89〜94
⑱千葉県木更津市真里谷	［第四紀］	95〜98
⑲千葉県印旛郡印旛村吉高	［第四紀］	99, 100
⑳千葉県市原市瀬又	［第四紀］	101〜103
㉑千葉県千葉市幕張	［第四紀］	103
㉒新潟県北蒲原郡笹神村魚岩	［第三紀］	124
㉓静岡県掛川市	［第三紀］	144
㉔長野県下伊那郡阿南町大沢川	［第三紀］	124〜127
㉕岐阜県瑞浪市庄内川，釜戸町荻の島，明世町，桜堂，土岐町	［第三紀］	128〜134
㉖岐阜県土岐市隠居山	［第三紀］	135
㉗岐阜県可児市平牧	［第三紀］	137
㉘愛知県知多郡南知多町内海，小佐	［第三紀］	136, 137
㉙愛知県犬山市膳師野	［第三紀］	138
㉚愛知県知多市古見	［第四紀］	147
㉛富山県高岡市頭川	［第三紀］	142〜144
㉜石川県珠洲市大谷海岸，高屋海岸	［第三紀］	138〜140
㉝石川県羽咋郡志賀町火打谷	［第三紀］	141
㉞石川県鳳至郡門前町皆月	［第三紀］	141
㉟石川県珠洲市大谷峠，平床	［第四紀］	145, 146
㊱石川県金沢市大桑町	［第四紀］	146
㊲福井県福井市鮎川町	［第三紀］	135
㊳三重県安芸郡美里村家所，柳谷，長野，穴倉	［第三紀］	182〜202
㊴三重県阿山郡大山田村服部川	［第三紀］	213〜216
㊵滋賀県甲賀郡土山町鮎河，猪鼻	［第三紀］	203〜212
㊶滋賀県甲賀郡甲南町野田	［第三紀］	217

㊷滋賀県甲賀郡甲西町夏見野洲川　　　　　　　［第三紀］　　　　　217
㊸滋賀県甲賀郡甲賀町小佐治，隠岐　　　　　　［第三紀］　　　　　217, 218
㊹滋賀県甲賀郡水口町野洲川　　　　　　　　　［第三紀］　　　　　218, 219
㊺滋賀県彦根市野田山町　　　　　　　　　　　［第四紀］　　　　　220, 221
㊻滋賀県犬上郡多賀町四手　　　　　　　　　　［第四紀］　　　　　221
㊼滋賀県大津市真野大野町　　　　　　　　　　［第四紀］　　　　　221
㊽兵庫県美方郡温泉町海上　　　　　　　　　　［第三紀］　　　　　181
㊾兵庫県神戸市垂水区　　　　　　　　　　　　［第四紀］　　　　　222

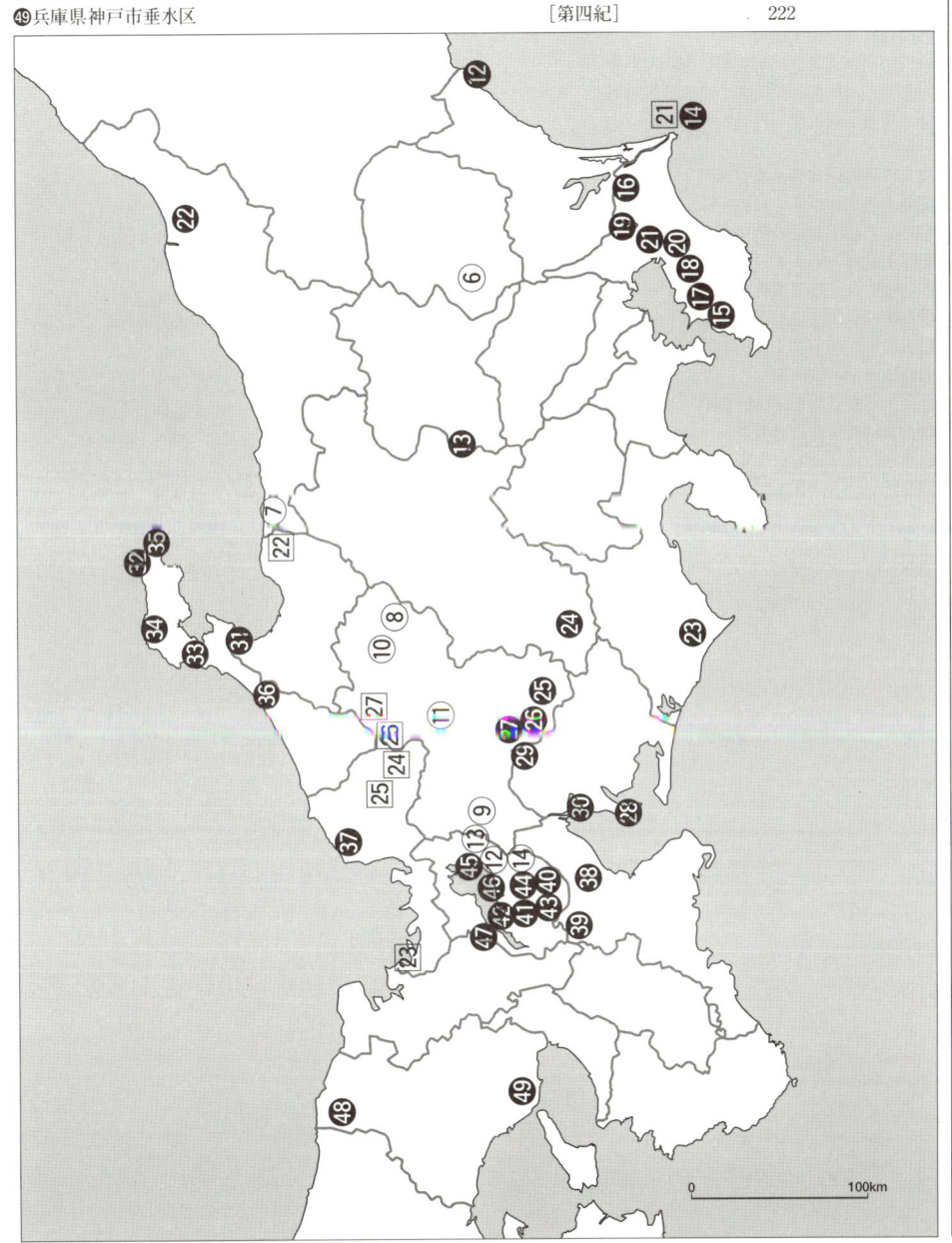

中国・四国・九州地域

古生代
⑮山口県美祢市伊佐町宇部興産，南台	［石炭紀］	227, 228
⑯山口県美祢郡秋芳町秋吉台	［石炭紀］	227
⑰高知県高岡郡越知町横倉山	［シルル紀］	223〜226
⑱宮崎県西臼杵郡五ヶ瀬町祇園山	［シルル紀］	247

中生代
㉘山口県美祢市大嶺町	［三畳紀］	229
㉙山口県豊浦郡豊田町石町，菊川町西中山	［ジュラ紀］	230〜232
㉚高知県高岡郡越知町赤土トンネル付近	［三畳紀］	229
㉛高知県高岡郡佐川町鳥の巣，西山	［ジュラ紀］	233, 234

新生代
㊿鳥取県八頭郡若桜町春米	［第三紀］	235
51鳥取県八頭郡佐治村辰巳峠	［第三紀］	236
52岡山県勝田郡奈義町中島東，柿	［第三紀］	237, 238
53岡山県阿哲郡大佐町原川	［第三紀］	239, 240
54島根県八束郡玉湯町布志名	［第三紀］	241, 242
55島根県浜田市畳が浦	［第三紀］	243
56広島県広島市八丁堀三越百貨店地下	［第四紀］	246
57高知県室戸市羽根町	［第三紀］	244
58高知県安芸郡安田町唐の浜	［第三紀］	245
59長崎県壱岐郡芦辺町長者が原崎（壱岐島）	［第三紀］	248〜251, 253〜256
60熊本県天草郡姫戸町永目（天草上島）	［第三紀］	248
61鹿児島県西之表市住吉（種子島）	［第三紀］	248

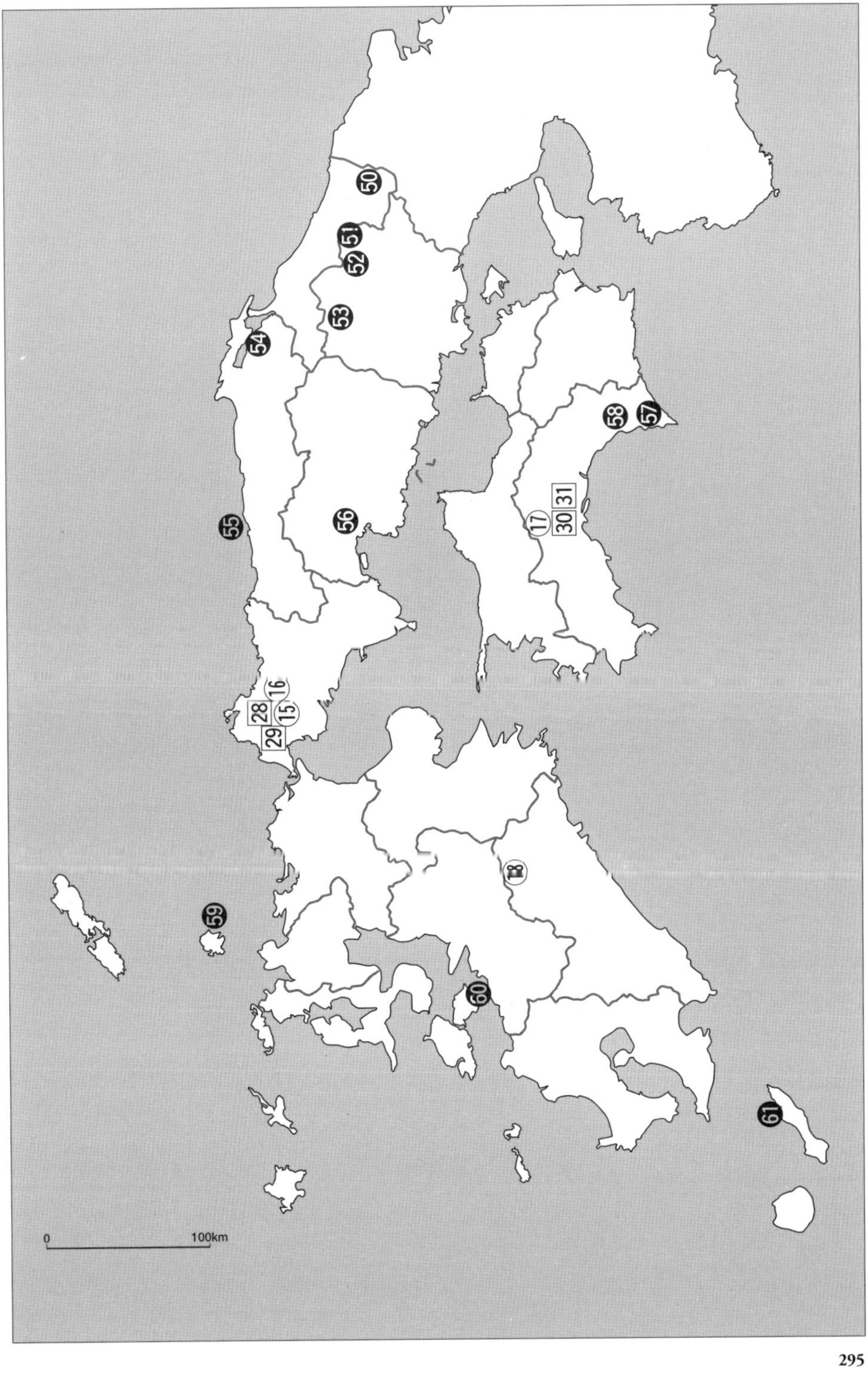
50
51
52
53
54
55
56
57
58
17
30
31
16
15
28
29
59
60
61
0
100km

5 | 採集装備

チェック	衣服など	チェック	採集道具	チェック	補助道具
☐☐☐☐	ヘルメット	☐☐☐☐	ロックハンマー	☐☐☐☐	カメラ
☐☐☐☐	帽子	☐☐☐☐	ピックハンマー	☐☐☐☐	測量用の赤白棒
☐☐☐☐		☐☐☐☐	チゼルハンマー	☐☐☐☐	巻き尺
☐☐☐☐	傘	☐☐☐☐	化粧割りハンマー	☐☐☐☐	クリノメーター
☐☐☐☐	カッパ	☐☐☐☐	化石ハンマー	☐☐☐☐	
☐☐☐☐	ヤッケ	☐☐☐☐	ツルハシ	☐☐☐☐	地質図
☐☐☐☐	軍手	☐☐☐☐		☐☐☐☐	地形図
☐☐☐☐	長靴	☐☐☐☐	タガネ凸大	☐☐☐☐	図鑑
☐☐☐☐	登山靴	☐☐☐☐	〃 凸中	☐☐☐☐	ガイドブック
☐☐☐☐		☐☐☐☐	〃 凸小	☐☐☐☐	フィールドノート
☐☐☐☐		☐☐☐☐	〃 平中	☐☐☐☐	筆記具
☐☐☐☐	タオル	☐☐☐☐	バール	☐☐☐☐	
☐☐☐☐	ハンカチ	☐☐☐☐	フルイ	☐☐☐☐	高度計付きの時計
☐☐☐☐	ティッシュ	☐☐☐☐	手ぼうき，ハケ	☐☐☐☐	方位磁石
☐☐☐☐		☐☐☐☐	古歯ブラシ	☐☐☐☐	懐中電灯
☐☐☐☐	お弁当	☐☐☐☐		☐☐☐☐	ナイフ
☐☐☐☐	水筒	☐☐☐☐	防塵眼鏡	☐☐☐☐	
☐☐☐☐	おやつ	☐☐☐☐	ルーペ	☐☐☐☐	
☐☐☐☐	リュック	☐☐☐☐	フィルムケース	☐☐☐☐	
☐☐☐☐	傷テープ	☐☐☐☐	脱脂綿	☐☐☐☐	
☐☐☐☐	虫よけスプレー	☐☐☐☐	蓋付きの小箱	☐☐☐☐	
☐☐☐☐	シート	☐☐☐☐	古新聞紙	☐☐☐☐	
☐☐☐☐	着替え	☐☐☐☐	古雑誌	☐☐☐☐	コンテナ・トレイ
☐☐☐☐		☐☐☐☐	接着剤	☐☐☐☐	段ボール箱

あとがき

　化石は過去と現在とをつなぐ唯一の掛け橋です。この世にもし化石というものが存在しなかったら、地球の歴史や生命の歴史というものは全く解明されなかったでしょう。3億年前に海底を三葉虫が這い回っていたとか、1億年前に恐竜が君臨していたことなど知るよしもなかったでしょう。
　化石というものは、ただ美しいだけではなく、それだけ重要な情報を私たちに与えてくれるのです。もちろん、美しいということも人々の興味を引き、重要な役割を果たしています。この博物館はそんな化石をより身近なものにするためにつくられたものです。
　私の長年の夢は自分の博物館をもつことです。今までに自分の手で採集した約7500点の化石を一堂に展示して、多くの人に見ていただきたいと思っています。夢がかなえばさぞ壮観でしょう。
　でも、個人で博物館をつくるなど、なかなか簡単には実現できません。
　そこで、この夢を実現させるための第一歩として、まず、本の中で博物館をつくってみようと思ったのです。まるで化石の博物館を見ているような、そんな写真集をつくってみようと思ったのです。
　そしてここに、この本が出来上がりました。
　今までのような学術的なことばかりに主眼をおいた難しい本ではなく、もっと理解しやすく、感動しやすいようにいろいろな工夫を取り入れています。

　化石が、
　　どのようなところで
　　どのような石から
　　どのような状況ででてくるのか
　順を追って皆さんに見ていただこうと思いました。
　そして、
　　どうやって見つけたらいいのか
　　どうやって採集するのか
　　どうやってクリーニングすればいいのか
　多くの手助けができるようにしました。

　この博物館には832点の化石を展示していますが、これだけの標本を一堂に見られるのも他の博物館ではそうないでしょう。その意

味から日本有数の化石博物館ができたと思っています。
　初心者から上級者まで，この博物館をフィールドにおけるアシスタントとして，皆さんが活用されることを望みます。

　最後に，この博物館の建設にご理解いただいた築地書館の土井二郎社長，建設に大変なご苦労をおかけした編集部の橋本ひとみさんに感謝いたします。
　そして標本の提供をしていただいた足立敬一，吉田浩一，増田和彦，宮北健一，宮崎淳一，岩崎裕美，新宅正，今泉貴嗣の皆さんに心からお礼を申し上げます。

　　　　　　　　　　2000/1/1
　　　　　　　　　　化石採集家　大八木　和久

【著者紹介】
大八木和久（おおやぎ かずひさ）

1950年生まれ。小学生の時に石に興味を持ち、中学生になって化石と出会う。地元の近江カルストをフィールドとするが、中学・高校と徐々に活動範囲を広げ、高校卒業後、総走行距離1万3000kmにもおよぶ自転車による日本一周化石採集旅行に出る。

その後、滋賀県職員となり、16年あまりの公務員時代を経たあと、自由人の道を選ぶ。1年の半分を北海道で過ごし、あとは全国を駆け巡っての化石採集、自然の写真撮影と多忙な日々を送るが、1996年より約3年間、地元滋賀県の多賀町立博物館・建設準備室に籍を置き、開設に尽力。現在は水口町の「みなくち子どもの森自然館」の展示監修委員として化石展示のアドバイスを行っている。

化石の標本は現在、7500点を超える。クリーニング・整理・記録・保管は完璧だが、最大の悩みは保管場所の確保だという。

化石コレクターと呼ばれることを嫌い、自ら産地を開拓し、採集とクリーニングを楽しんでいる。「化石を生かすも殺すも採集後のクリーニングしだい」と語り、自分で採集した化石のみならず、後輩の採集した化石まで心を込めてクリーニングし、その技術は自他共に認めるものがある。

いつか、自分の採集した化石で自前の博物館をつくるのが夢。

現住所：滋賀県彦根市安清町2番11号

産地別 日本の化石800選
本でみる化石博物館

2000年3月31日　初版発行
2004年2月10日　3刷発行

著者	大八木和久
発行者	土井二郎
発行所	築地書館株式会社
	東京都中央区築地7-4-4-201　〒104-0045
	TEL 03-3542-3731　FAX 03-3541-5799
	http://www.tsukiji-shokan.co.jp/
	振替 00110-5-19057
印刷・製本	株式会社東京印書館
装丁	中垣信夫＋吉野愛

©KAZUHISA OYAGI 2000 Printed in Japan
ISBN4-8067-1195-0 C0676

●大八木和久・化石の本

産地別日本の化石650選
本でみる化石博物館・新館
3800円＋税

日本全国を38年間にわたって歩きつくした著者が、自分で採集した化石9000点余りのなかから672点を厳選、カラーで紹介する。化石愛好家がほんとうに知りたい情報を整理した化石博物館。

本書の5つの特徴
［1］1つの産地で産出する化石をできるだけ多く掲載
［2］産地や産出状況がよくわかる写真を約90点掲載
［3］『800選』とあわせみることで、すべての採集・クリーニング技術をマスターできる
［4］全国の産地・産出化石を地方別、時代ごとに掲載
［5］見たい・知りたい化石をすぐに探せる化石名索引つき

日本全国化石採集の旅《全3巻》

化石の楽しみ方のすべてを記したエッセイ＋ガイド
全国の化石産地の情報や採集のノウハウ、整理の仕方、職人芸の域にまで達したクリーニングの方法や整形の仕方を惜しみなく伝授する。

日本全国化石採集の旅　化石が僕を呼んでいる　●4刷
続・日本全国化石採集の旅　まだまだ化石が僕を呼んでいる　●在庫僅少
完結編 日本全国化石採集の旅　いつまでも化石が僕を呼んでいる　●2刷
各2200円＋税

価格・刷数は2004年1月現在のものです。

●築地書館の恐竜の本

恐竜[図解]事典
D.F.グラット[著]　小畠郁生[訳]　●4刷　3500円+税
●朝日新聞評＝全世界の恐竜の全ての属に関する簡単な解説をそえＡＢＣ順に列記。この本そのものが一つの恐竜博物館になっている。
●西日本新聞評＝映画『失われた世界』のスチール、Ｃ.ナイトが描く想像挿絵、骨格写真や図解など約400枚の図版で、恐竜の世界を再現。

恐竜　その発生と絶滅
W.E.スウィントン[著]　小畠郁生[訳]　●新装版　1900円+税
恐竜の種類の分類と記述を中心に、恐竜発見のいきさつから、骨格の特徴、生理、病理、生活環境、起源、絶滅まで、恐竜に関するあらゆる問題を包括的に論じた名著。基本的な恐竜学のテキストとして、専門家ばかりでなく、一般の人にもお薦めの一冊。

恐竜の世界をたずねて
井尻正二＋後藤仁敏[著]　●3刷　1450円+税
怪獣と恐竜はどこがどう違うのか。恐竜はどんな動物で、いつどこに住んでいたのか。恐竜にはどんな種類があり、どんな生活をしていたのか。そしてなぜ滅び去ってしまったのか。小学生から読めるように、やさしくわかりやすく書かれた恐竜の謎をさぐる本。

ディノサウルス　恐竜の進化と生態
L.B.ホールステッド[著]　亀井節夫[監訳]　●2刷　3900円+税
恐竜はどこからきたのか。なにを食べ、どのように動きまわったのか。6400万年前に滅び去った恐竜の謎を、最新の科学的発見に基づいてやさしく解説する。イタリア人画家ジョバンニ・カセリ氏の迫力あるカラーイラストも見逃せない、恐竜本の決定版。

絶滅した日本の巨獣
井尻正二＋犬塚則久[著]　●2刷　1600円+税
●毎日新聞評＝大昔の日本列島には、恐竜が絶滅した後も生き残り、大型化した哺乳類─巨獣─がいた。陸や浜辺、海で活躍していた彼らの姿や暮らし、当時の日本列島の様子などがわかりやすい文章で語られる。臨場感のある写真と細密な復元図が豊富なことも楽しみを深める。

くわしい内容はホームページで。URL=http://www.tsukiji-shokan.co.jp/

● **日曜の地学シリーズ** 地質、化石、生物、地理をコース別に紹介するガイドブック

① 埼玉の自然をたずねて 新訂版

堀口萬吉[監修]　1800円＋税　●2刷

【主要目次】長瀞／皆野／飯能／中川・加須低地／高麗丘陵／比企丘陵・二ノ宮山／川本（貝化石）／岩殿丘陵／ようばけ・藤六／阿熊川（貝化石）／牛首峠／伊豆ヶ岳（フズリナ化石）／武甲山／日野沢（放散虫化石）／二子山（フズリナ化石）／両神山／中津峡／ほか

② 青森の自然をたずねて

青森県地学教育研究会[編著]　1800円＋税

【主要目次】十和田湖／八甲田山／蕪島・種差海岸／小川原湖／八戸化石クジラ／恐山／尻屋崎／下北半島北部海岸／大畑川／下北半島西海岸／寒立馬／夏泊半島／津軽半島北岸／小泊半島／津軽西海岸／白神山地／岩木山／大鰐・碇ヶ関／錦石／十二湖／ほか

④ 東京の自然をたずねて 新訂版

大森昌衛[監修]　1800円＋税

【主要目次】下町低地の自然／武蔵野台地の自然／丘陵の自然（多摩川の地層と化石／ほか）／山地の自然（化石の宝庫・五日市盆地をたずねて）／伊豆諸島の自然／東京の自然史／東京の自然スポット情報／コラム（東京のナウマンゾウ／八王子のメタセコイア化石林／化石の探し方／ほか）

⑤ 群馬の自然をたずねて

野村哲[編著]　1800円＋税　●2刷

【主要目次】平野の自然／群馬南西部の自然／吾妻川流域の自然／利根川源流域の自然／片品の自然／渡良瀬川流域の自然／群馬の火山（赤城、子持、榛名、浅間火山、草津白根、日光白根）

付録・群馬の自然と植物

⑥ 北陸の自然をたずねて

北陸の自然をたずねて編集委員会[編著]　1800円＋税　●2刷

【主要目次】●福井県：高浜／大飯／敦賀／今庄／織田／福井／三国／金津／加賀／和泉村●石川県：白山／白峰・尾口／金沢／押水／羽咋／七尾／能登金剛／能登外浦／能登内浦●富山県：高岡・氷見／富山／八尾／神通峡／大山／立山／滑川・魚津／片貝川上流／黒部川／境川

くわしい内容はホームページで。URL=http://www.tsukiji-shokan.co.jp/

⑭ 沖縄の島じまをめぐって　増補版
沖縄地学会[編著]　1800円＋税
【主要目次】　沖縄島（琉球列島の背骨）／宮古島（山のない島）／石垣島／西表島（ヤマネコの島）／久米島（金のとれる島）／与那国島（台湾の見える島）／伊平屋・伊是名島／慶良間列島と渡名喜島（沈没した島じま）／粟国島（白亜のがけ）／大東島（南海の孤島）／ほか

⑲ 千葉の自然をたずねて
近藤精造[監修]　1800円＋税　●4刷
【主要目次】　縄文の海、万葉の入江（市川・浦安）／古東京湾のなごり（花見川・印旛沼）／ニホンムカシジカのいた里（市原）／東京湾最後の干潟（小櫃川デルタ）／移り変わる海岸線（館山）／天然ガス・ヨード・温泉（茂原・養老川の上総層群）／躍る地層（鋸山の三浦層群）／ほか

⑳ 神奈川の自然をたずねて　新訂版
神奈川の自然をたずねて編集委員会[編著]　1800円＋税
【主要目次】　ランドマークタワー／横浜自然観察の森／横浜の湧水地案内／大船の第四紀層／観音崎と城ヶ島／三浦半島／江の島／逗子・葉山／相模野台地北部の段丘／大磯海岸で化石採集／西丹沢／足柄山地／箱根／車窓から見る神奈川の自然／宮ヶ瀬湖／ほか

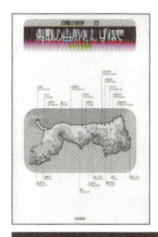

㉓ 鳥取の自然をたずねて
赤木三郎[編著]　1800円＋税
【主要目次】　第1章：海岸線に沿って（鳥取砂丘、浦富海岸ほか）　第2章：千代川に沿って（芦津渓周辺・上地の化石ほか）　第3章：天神川に沿って（加勢蛇川～大山滝・大山東麓のテフラ・三徳山投入堂参拝登山路・打吹山とその周辺）　第4章：日野川に沿って（多里周辺・米子市周辺ほか）

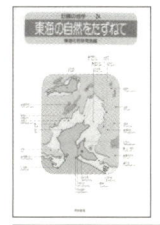

㉔ 東海の自然をたずねて
東海化石研究会[編]　1800円＋税
【主要目次】　●愛知県：濃尾平野の生い立ちを見る・鳳来寺山周辺の自然と化石・設楽の岩石・渥美半島の自然・南知多の自然・佐久島の自然・瀬戸の自然ほか　●三重県：伊勢島の自然・津市近郊の自然と化石ほか　●岐阜県：瑞浪の自然と化石・伊吹山の自然と地質ほか

くわしい内容はホームページで。URL=http://www.tsukiji-shokan.co.jp/